高等职业教育精品工程系列教材

U0756600

模拟电子技术实验与实训

周 兴 胥 淮 主 编

张 欣 王 龙 任娟慧 参 编

電子工業出版社.

Publishing House of Electronics Industry

北京 · BEIJING

内 容 简 介

本书在充分调研的基础上，结合根据"模拟电子技术"课程标准所制定的学习情境项目进行教学加工和设计，共设计了 11 个模拟电子技术实验，以及 2 个综合实训项目。为便于读者，本书还在附录中列出了模拟电子技术实验常用仪器设备与电子元器件的参考资料。

本书可作为高等职业院校电类、机电类等相关专业的模拟电子技术实验与实训教材。

图书在版编目（CIP）数据

模拟电子技术实验与实训 / 周兴，胥淮主编 . —北京：电子工业出版社，2020.7

ISBN 978-7-121-39144-6

Ⅰ．①模… Ⅱ．①周… ②胥… Ⅲ．①模拟电路－电子技术－实验－高等学校－教材
Ⅳ．①TN710.4-33

中国版本图书馆 CIP 数据核字（2020）第 108963 号

责任编辑：郭乃明　　　　特约编辑：田学清
印　　刷：北京盛通数码印刷有限公司
装　　订：北京盛通数码印刷有限公司
出版发行：电子工业出版社
　　　　　北京市海淀区万寿路 173 信箱　　　邮编：100036
开　　本：787×1 092　1/16　　印张：10.5　　字数：201.6 千字
版　　次：2020 年 7 月第 1 版
印　　次：2025 年 2 月第 7 次印刷
定　　价：29.00 元

凡所购买电子工业出版社图书有缺损问题，请向购买书店调换。若书店售缺，请与本社发行部联系，联系及邮购电话：（010）88254888，88258888。

质量投诉请发邮件至 zlts@phei.com.cn，盗版侵权举报请发邮件至 dbqq@phei.com.cn。

本书咨询联系方式：（010）88254561，34825072@qq.com。

前　　言

　　"模拟电子技术"是专业技术基础平台课程之一，必须重视实验与实训教学，而高等职业技术人才更需要通过实验和实训来提高动手能力和解决实际问题的能力。

　　本书可作为高等职业院校电类、机电类等相关专业的模拟电子技术实验与实训教材。本书主要由成都航空职业技术学院（以下简称航院）工程实训中心电子技术基础教研室的周兴老师编写。编者在充分调研的基础上，结合根据"模拟电子技术"课程标准所制定的学习情境项目进行教学加工和设计，共设计了 11 个模拟电子技术实验，以及 2 个综合实训项目。为便于读者，本书还在附录中列出了模拟电子技术实验常用仪器设备与电子元器件的参考资料。全书基于工作过程、项目教学法、任务驱动形式进行编写。

　　本书中音频功率放大器实训部分由张欣编写，其他部分由周兴、胥淮、王龙和任娟慧编写，全书由周兴统稿。全书由工程实训中心的饶蜀华副教授和王龙工程师审稿并提出了不少宝贵的意见。在编写过程中，模拟电子技术实验参考借鉴了唐继光老师编写的《模拟电子技术实验指导书》（航院内部教材），直流稳压电源实训参考借鉴了王龙老师编写的《电子操作实训教材（一）》（航院内部教材），音频功率放大器实训参考借鉴了张欣老师编写的《音频功率放大器实训教材》（航院内部教材），在此向这些老师表示衷心的感谢。

　　本书原稿于 2011 年 9 月完成编写，经过一个学期的使用，根据实验指导教师唐继光老师提出的宝贵意见，于 2012 年 1 月进行了少量修改。又经过多年的使用，随着实验与实训学时的改变，进一步对实验与实训内容进行了相关调整，最终形成本书。

　　本书中的实验与实训项目虽然经过数次实验进行了一系列调整，但仍难免有不妥之处，敬请各位读者指正，并继续提出宝贵的建议。

编　者

2020 年 1 月

学生实验守则

为保证实验教学工作严谨、科学、文明、有序地进行，特制定本守则。

一、认真预习。明确实验目的，掌握实验的基本要求、原理、方法与步骤，熟悉操作规程及安全注意事项。

二、科学实验。听从实验教师指导，独立思考、规范操作、细致观察、认真记录，及时整理实验记录、写出实验报告并按时上交。

三、遵守纪律。不迟到、早退，不无故缺席，不动用与实验无关的仪器设备，不在室内喧哗，不进行与实验无关的活动。

四、确保安全。严格遵守实验室安全管理制度和实验仪器设备操作规程，若发现设备故障或其他异常情况，则应立即采取应急措施，并及时向指导教师报告。在查明原因、排除故障后，方能继续实验。实验结束后，仔细进行安全检查，在关电、停水和关好门窗后方可离开。

五、整洁卫生。随时保持实验室环境的整洁，不得随地吐痰，不得在室内抽烟、吃零食，不得乱扔果皮、纸屑。

六、爱护公物。要爱护实验仪器设备，对消耗材料注意节约和合理使用，如发生损坏仪器设备事故，应主动向指导教师报告。

七、若在实验过程中损坏仪器设备，则按《设备器材损坏丢失赔偿处理办法》进行处理。

模拟电子技术实验要求

一、实验前必须认真预习所做实验的相关内容。

二、进入实验室后必须注意人身安全，特别在做强电实验时更应小心。

三、严格遵守实验室的规章制度和实验规则，爱护实验仪器设备，仪器设备如有损坏，应立即向指导教师报告。

四、在实验过程中，连接好的线路必须经检查无误后方可通电，并且要记录好原始实验数据。

五、实验完毕后及时整理好实验数据，整理分析实验中遇到的问题，撰写实验报告。

六、在离开实验室前，必须整理好所用的仪器设备、元器件、工具等，并断开所有仪器的电源及实验台上的总电源。

目　　录

第1章

模拟电子技术实验与实训基础知识

本章教学重点

(1) 实验室的安全操作规程。

(2) 模拟电子技术实验的意义、目的、要求及学习方法。

(3) 模拟电子技术实验常用器材和工具的使用。

(4) 模拟电子技术实验。

(5) 模拟电路中元器件的装配和焊接。

(6) 模拟电路的调试。

(7) 模拟电路常见故障的诊断与排除。

1.1 实验室的安全操作规程

为保证人身与仪器设备安全,以及实验教学工作严谨、科学、文明、有序地进行,实验者进入实验室后要严格遵守实验室安全管理制度和实验仪器设备安全操作规程。

1.1.1 人身安全

实验室中常见的危及人身安全的事故是触电,为保证人身安全,实验者进入实验室后应遵守以下规则。

(1)实验时不允许赤脚,并要检查各种仪器设备是否做了正确的接地处理。

(2)实验前检查仪器设备、实验装置中通强电的连接导线有无良好的绝缘外套,芯线有无外露。

(3)在接通或断开 220V 交流电源时,最好用一只手操作。在拔电源插头时应用手抓住插头而不要抓住导线,以免导线被扯断发生触电事故。

(4)若发生触电事故,首先应迅速切断电源,使触电者立即脱离电源;然后采取必要的急救措施。

实验室安全警示符号如图 1-1 所示。

图 1-1 实验室安全警示符号

1.1.2 仪器设备安全

为保证仪器设备安全,实验者进入实验室后应遵守以下规则。

(1)在使用仪器设备前应认真阅读使用说明书,掌握仪器设备的正确使用方法,并了解相关的注意事项。

（2）在实验过程中要有目的地操作仪器面板上的开关或旋钮，禁止盲目拨弄开关，切忌用力过猛。

（3）在实验过程中要特别注意异常现象的发生，如嗅到焦臭味、看到冒烟或火花、听到"噼啪"的响声、设备或元器件过热、电源指示灯异常熄灭及熔断器熔断等，若发现这些异常现象应立即切断电源，并向指导教师报告。在查明原因、排除故障后，才能再次开机继续实验。

（4）在搬动仪器设备时，必须轻拿轻放；未经允许不得随意调换仪器设备，更不得擅自拆卸仪器设备。

（5）仪器设备使用完毕后，应将面板上的各旋钮、开关置于合适的位置，如将数字万用表功能开关旋至"OFF"挡、将指针式万用表挡位开关置于交流电压最大挡。

（6）在连接实验电路时，应在电路连接完成且经检查无误后，再接通电源及信号源。

（7）要爱护实验仪器设备，对消耗材料注意节约和合理使用，如发生损坏仪器设备事故，应主动向指导教师报告。

（8）实验结束后，必须整理好所用的仪器设备、元器件、工具等，并断开所有仪器的电源及实验台上的总电源。仔细进行安全检查，在关电、停水和关好门窗后方可离开。

仪器设备说明书中的常见安全符号如图 1-2 所示。

高电压　　　注意请参阅手册　保护性接地端　　壳体接地端　　测量接地端

图 1-2　仪器设备说明书中的常见安全符号

1.2　模拟电子技术实验的意义、目的、要求及学习方法

1.2.1　模拟电子技术实验的意义

实验在科学技术发展的历史中起着重要的作用，随着实验方法、实验条件的进步，

科学技术得到了加速发展。

模拟电子技术是电类专业的基本能力训练课程，是以模拟电路为载体，将典型模拟电路设计、制作、调试与应用有机结合的理论性和实践性都较强的课程，主要目的是培养学生对典型模拟电路进行设计、制作、调试与应用的能力。因此，必须重视实验教学环节。通过实验学生应掌握常用电子元器件的使用方法、基本模拟电路的内在规律及各功能电路间的相互影响，从而验证理论并发现理论知识在实际应用中的局限性。学生应通过这门课程掌握模拟电子技术的基本理论、基本知识、基本技能，提高独立分析和解决问题等方面的能力，并应加强工程训练，提高实验操作技能，这对后续课程的学习，以及适应工作环境都具有十分重要的作用。

实验分组进行，每组一般为两人（不应超过两人），小组成员分工合作完成实验，有助于培养学生的团队合作精神，以及组织协调能力。

1.2.2　模拟电子技术实验的目的

根据模拟电子技术课程标准，模拟电子技术实验的目的可概括为以下几点。

（1）培养学生通过查阅元器件手册正确选择和使用元器件的能力。

实验中的许多故障是由未正确选择或使用元器件造成的。因此，正确选择和使用元器件是实验的基本教学内容。

① 学习如何识别、检测、合理选用各种半导体二极管、三极管。

② 学习如何识别各种半导体集成电路的型号，验证集成电路（如集成运算放大器、集成功率放大器、集成稳压电源）的功能，通过实验进一步巩固和加强理论知识。正确使用集成电路，包括正确识别与使用其引脚，测试并掌握其输入、输出外特性和相关参数等。在利用集成电路设计应用电路时，应能根据设计的具体要求合理选用元器件。

（2）使学生掌握基本实验方法和操作技能。

学生应能根据具体实验任务拟定实验方案（包括设计测试电路、正确选用仪器、确定测试方法和实验步骤等），独立连接、调试电路，对实验现象进行理论分析，分析实验数据并得出相应的实验结果，撰写规范的实验报告，等等。

（3）使学生掌握常用仪器的正确操作方法。

实验的一个重要内容就是学习各种电子仪器（如万用表、示波器、信号源、稳压电源等）的正确操作方法。正确操作电子仪器涉及两个方面的内容：一是电子仪器本身的技术特性；二是被测电路的技术特性。只有使电子仪器本身的技术特性与被测电路的技术特性相对应，才能得出正确的测量结果。对于电类专业的学生来说，能够正确操作电子仪器是必须具备的基本技术素质和工程素质。

（4）使学生学会正确分析和处理测量结果。

模拟电路的一个特点是，电路的功能可以直接在调试过程中得到证实，而有关的技术指标和一些技术特性则需要通过对测量结果进行分析和处理才能得到。所以，能正确分析和处理实验测量结果，是学生做模拟电子技术实验应具备的一项基本技能。

（5）提高学生分析和解决实际问题的能力。

学生应能通过独立完成某项实验任务（如查阅资料、方案确定、元器件选择、安装调试等）具备一定的科学研究能力，并能提高分析和解决实际问题的能力。

（6）提高学生个人素养。

通过实验培养学生实事求是的科学态度，以及理论联系实际和踏实细致的学习和工作作风。

1.2.3 模拟电子技术实验的要求

为达到实验的目的，学生须做到以下几点。

1. 实验前——认真预习

预习是否充分将决定实验能否顺利完成和学生有多少收获。

（1）认真阅读理论教材及实验教材，明确实验目的和基本要求，结合教材掌握与实验内容相关的理论和基本原理，以及主要参数的测量方法和实验步骤。

（2）查阅有关资料，熟悉实验所用元器件的功能和仪器设备的使用方法，熟悉安全操作规程及注意事项。

（3）拟出实验方案和实验步骤，设计并画出实验记录表格，估算实验结果，做实验思考题，写出预习报告。

2．实验中——科学实验、准确记录

（1）遵守实验室中的规章制度。

① 按时进入实验室并在规定时间内完成实验任务。

② 按照实验仪器设备的操作规程正确使用仪器设备，不得野蛮操作。应避免测量表笔或探头与电路元器件相碰，严禁触摸金属裸露部分。

③ 确保安全。严格遵守实验室安全管理制度，留意实验中有无异常现象发生，若发现设备冒烟、元器件过热、有异常响声或其他异常情况，应立即切断电源、保留现场，并及时向指导教师报告。在查明原因、排除故障后，方能继续实验。

（2）接线和查线。

听从实验教师指导，独立思考、规范操作。要勤动手、勤动脑，养成良好的实验习惯。

① 接线前应先熟悉实验板，并检查元器件是否正常。

② 接线时要注意布局整齐、合理，元器件的摆放要紧凑、不重叠、符合习惯位置（左侧输入、右侧输出）。

③ 接线要正确，保证实验线路与电路原理图、接线图一致。

④ 接线要牢固可靠，走线越短越好，避免导线过长和接触不良。

⑤ 接线时切忌带电操作，接好线后同组人员要相互认真检查，确保无误后方可通电测试。

（3）认真记录。

① 按照实验的内容及步骤，有目的地进行实验。仔细观察，认真、真实记录实验数据、波形等。

② 当读数或测量出的波形与理论分析结果不相符时，应利用所学理论知识进行思考，冷静而积极地分析原因。若无法独立解决问题，则需请教指导教师，并应记录异常现象发生的原因和解决方法。切忌为了使实验结果接近理论分析结果而有意修改原始数据。如果实验结果与理论分析结果相差较大，则应找出原因，必要时可重新进行测试。

（4）检查结果。

实验完成后，先切断实验板的电源，暂不拆除线路。所记录的实验结果应该完整、清楚、正确，经指导教师审阅并签字后再拆除线路。最后关闭各测量仪器的电源，将实验仪器设备整理归位并清理实验桌面。

3．实验后——撰写实验报告

实验后要及时整理实验记录数据，撰写实验报告并按时上交。

实验报告是衡量学生是否达到实验预期目的的重要依据，撰写实验报告不仅能锻炼学生编写技术文件的能力，还能培养学生的分析、归纳和总结能力。学生若想在实验过程中得到进一步提高，通过实验有尽可能多的收获，必须在做好预习和实验的基础上按以下要求独立撰写一份完整、科学的实验报告。

（1）在规定的实验报告纸上写出语言通顺、笔迹工整、作图规范、页面整洁的实验报告。

（2）实验报告的内容包括：实验名称，实验者的班级、学号、姓名，协同实验者，组别，实验日期，实验目的，实验器材（包括名称、型号、数量等），实验内容及实验预习（包括设计性实验的原理说明及电路原理图、实验步骤），实验记录，实验结果分析与总结（包括理论的验证，遇到的问题、解决问题的方法及效果等），实验意见、建议、收获等。最后由指导教师签字和评阅。

实验报告的书写格式如下。

实验名称＿＿＿＿＿＿＿＿＿＿＿＿＿＿＿＿＿

班级＿＿＿＿＿　学号＿＿＿　姓名＿＿＿＿＿＿　协同实验者＿＿＿＿＿

第＿＿＿组　　　　　　　实验日期：＿＿＿年＿＿＿月＿＿＿日

一、实验目的

二、实验器材

序　号	名　　称	型　号	数　量
1	网络型模拟电子技术实验装置	THDW-M1 型	1 台
2	数字万用表	DT-830/831 型	1 台
3	双踪数字示波器	RIGOL DS1052E 型	1 台
4	射极跟随器实验板		1 块
5	二极管		若干
⋮			

三、实验内容及实验预习

（1）设计性实验的原理说明及电路原理图。

（2）实验步骤。

四、实验记录

（1）记录数据：测量结果、计算结果、所用公式。

（2）记录图形或曲线。

五、实验结果分析与总结

（1）理论的验证：从实验结果中得到什么结论。若实验结果与理论分析结果有误差，则要进行误差分析。

（2）实验中遇到的问题、解决问题的方法及效果。

（3）回答思考题。

六、实验意见、建议、收获

实验结果验收（教师签字）：　　　　　　　实验评阅：

评阅得分：　　　　　　　　　　　　　　　评阅日期：

1.2.4 模拟电子技术实验的学习方法

1. 掌握实验课的学习规律

实验课以学生独立自主实验为主，每个实验都要经历预习、实验和总结 3 个阶段，学生对这 3 个阶段积极主动参与的程度将决定其在实验中收获的多少。

2. 应用已学理论知识指导实验的进行

首先要从理论上来研究实验电路的工作原理与特性，再制定实验方案。在调试电路时，也要用理论知识来分析实验现象，从而确定调试措施。切忌盲目调试，虽然盲目调试有时也能获得正确结果，但对调试能力的提高没有丝毫帮助。实验结果的正确与否及其与理论分析结果的差异也应从理论的角度来进行分析。

3. 注意实验知识与经验的积累

实验知识与经验需要靠长期积累才能丰富起来。在实验过程中，不仅要记住所用的仪器设备与元器件的型号、规格和使用方法，还要记住实验中出现的各种现象与故障的特征，并要对实验中的经验教训进行总结。为此，可准备一个实验知识与经验记录本，及时记录与总结。这不仅对当前实验有用，还可供将来查阅。

4. 增强自觉提高实际工作能力的意识

要将实际工作能力的培养从被动变为主动。在学习过程中，学生应有意识地主动培养自己的实际工作能力，不应依赖教师的指导，而应力求独立解决在实验中遇到的各种问题。要不怕困难与失败，只有直面困难与失败才能切实提高自己的实际工作能力。

1.3 模拟电子技术实验常用器材和工具的使用

本节主要介绍模拟电子技术实验常用器材和工具的使用方法。

1.3.1 常用器材

1. 多孔实验插座板

多孔实验插座板俗称"面包板"，因具有许多供布线的孔且形状类似面包而得名。

常用的多孔实验插座板的示意图如图 1-3 所示。多孔实验插座板上布满了供插接元器件的小孔，每个多孔实验插座板由 2 排共 64 列导电性良好的金属弹性簧片组成。每列对应一个簧片，每个簧片上有 5 个插孔，这 5 个插孔在电气上相通，而各列插孔在电气上不相通。因此，每一列簧片可作为电路中的一个节点，每个节点上最多可连接 5 个元器件。插孔之间及簧片之间均为双列直插式集成电路的标准间距，因此适合插入各种双列直插式集成电路，亦可插入引脚直径为 0.5～0.6mm 的任何元器件。当将集成电路插入两列簧片之间时，这两列簧片上的其余插孔可供集成电路各引脚的输入/输出或互联。另有两排平行的插孔可专供接入电源线及地线，每半排插孔之间相互连通，这为需要多电源供电的电路提供了很大的方便。

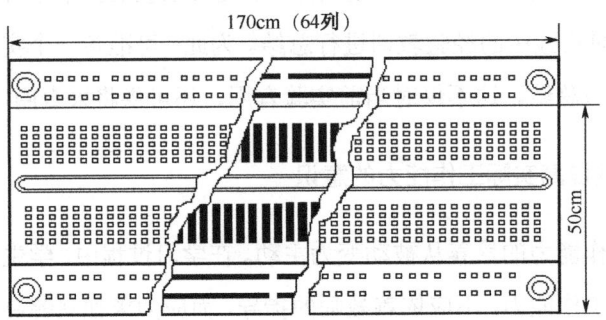

图 1-3　常用的多孔实验插座板的示意图

多孔实验插座板的使用灵活方便，虽然元器件的排列与引线的走向受到一定限制，但仍可使搭接的电路整齐美观。

多孔实验插座板搭接电路一般用于临时性实验，不需要焊接，因此元器件的引线不必剪短，可以反复使用，利用率高，并且元器件不易损坏、更换方便快捷。对于已定型的电路，则需要采用印制电路板焊接，以保证电路接触良好，能长期可靠地工作。

2．单芯硬导线

实验时为配合多孔实验插座板常采用直径为 0.5～0.6mm 的单芯塑料包皮硬导线。

在用剪刀截取导线时，注意将剪刀口稍微倾斜，使导线断面呈尖头状以便于插入多孔实验插座板。截取导线的长度必须适当。导线两端绝缘包皮以剥去 2～4mm 为宜，若太短则无法与弹性簧片良好接触，若太长则裸露部分的金属易短路。一根导线经过多次使用后，线头易弯曲，导致很难再插入多孔实验插座板，因此必须用镊子整理，也可将其剪去，重新剥出一个线头。

有多种颜色的单芯硬导线可供选用，通常用不同的颜色来区分导线的不同功能。例如，常用红色导线作为电源线，用黑色导线作为地线，用其他不同颜色的导线分别作为输入线、输出线及控制线。这样便于在连接较复杂电路时进行检查和排除故障。

3．实验板

THDW-M1 型网络型模拟电子技术实验装置配备了一系列实验板，供多个实验使用，如图 1-4 所示。

图 1-4 实验板

1.3.2 常用工具

1．镊子

镊子的主要用途是夹取微小元器件，以及在焊接时夹持被焊件以防止其移动和帮助散热。镊子的弹性应适中。

2．偏口钳

偏口钳又称斜口钳、剪线钳，主要用于剪断导线及剪掉元器件过长的引线。

3．尖嘴钳

尖嘴钳的主要作用是在连接点上夹持导线和元器件引线，以及使元器件引脚成型。

4．螺钉旋具

螺钉旋具（俗称改锥）分为十字形的和一字形的，主要用于拧动螺钉及调整元器件的可调部分。

5．壁纸刀

壁纸刀主要用于刮去导线和元器件引线上的绝缘物和氧化物，使之易于上锡。

6．剥线钳

剥线钳是剥导线塑料包皮的专用工具，将待剥包皮的导线插入剥线钳中与导线粗细适当的孔位，夹紧钳柄，拉出导线，即可剥掉导线包皮。

7．剪刀

剪刀可用于截取导线、修剪元器件的引脚等。

常用工具实物图如图 1-5 所示。

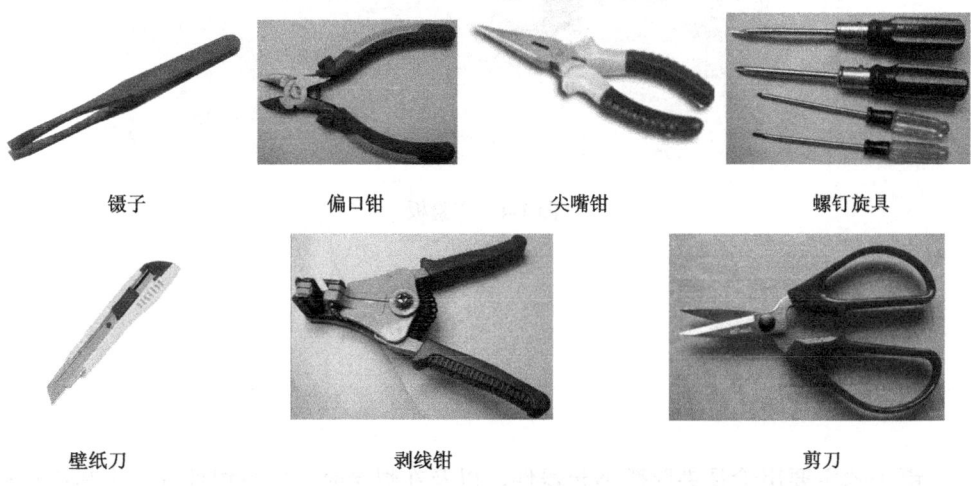

| 镊子 | 偏口钳 | 尖嘴钳 | 螺钉旋具 |

| 壁纸刀 | 剥线钳 | 剪刀 |

图 1-5　常用工具实物图

1.4　模拟电子技术实验

在做模拟电子技术实验时，除要掌握模拟电路的工作原理，所用元器件的性能、使用规则，以及测试仪器的操作方法以外，还要掌握模拟电子技术实验的一般方法，以进行电路调试或参数测试。

1.4.1　验证性实验、设计性实验与仿真实验

1. 验证性实验

（1）验证性实验的目的。

验证性实验的目的是，使学生在实践中掌握模拟电路的工作原理、所用元器件的性能及基本的实验方法，从而验证理论知识、加深对理论知识的理解并发现理论知识在实际应用中的局限性，培养学生从枯燥的实验数据中总结规律、发现问题的能力。另外，验证性实验一般分成必做部分和选做部分，还配有思考题，可使学生有发挥的余地。

例如，通过"二极管、三极管的识别与检测"验证性实验，学生可以掌握模拟电路基本元器件的识别与检测方法。识别与检测元器件是模拟电路安装调试工作的第一步，可避免因元器件功能不正常而增加调试的困难。

（2）验证性实验的一般方法。

验证性实验所要验证的现象和模拟电路的工作原理等都属于已知的范畴，因此实验者可对实验结果及可能出现的各种现象预先做出分析和估计，并可通过实验数据直接判断实验结果是否正常。

2. 设计性实验

（1）设计性实验的目的。

设计性实验的目的是，提高学生对基础知识、基本实验技能的实际运用能力，使学生理解模拟电路的内在规律。

（2）设计性实验的一般方法。

实验前的准备工作非常重要，实验者除应熟悉实验目的和具体实验内容要求以外，还应自己拟定实验步骤，实验者完全处于主导地位，能最大限度地发挥其主观能动性。

实验者首先应熟悉实验中所用元器件的功能和使用条件，从而正确进行实验设计，否则会因元器件选用不当而导致电路工作不正常，甚至导致实验失败。

由于经验有限，实验者的设计有可能不正确，所以要求实验者在实验前做好充分的准备，在实验中多动脑筋。如有必要，应根据实验结果修改设计，直至达到预期目标。

3．仿真实验——虚拟实验

虚拟仪器是一种新型的测试仪器，依靠软件来实现各种测试功能，使用起来更加方便且功能更加强大，所以应用越来越广泛。现结合 Multisim V7 软件来简要介绍虚拟仪器。Multisim V7 软件的仪表工具栏如图 1-6 所示，反相比例放大器仿真电路如图 1-7 所示。使用 Multisim V7 软件提供的虚拟仪器对反相比例放大器进行仿真，得到的电路仿真图如图 1-8 所示。

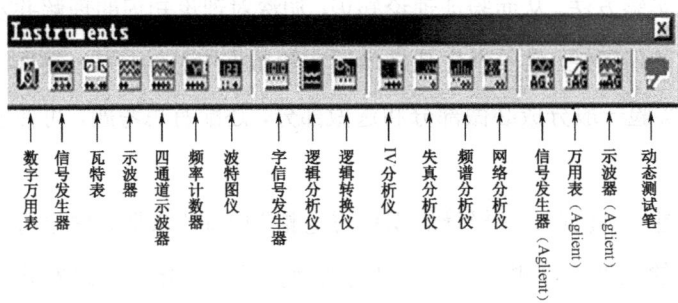

图 1-6　Multisim V7 软件的仪表工具栏

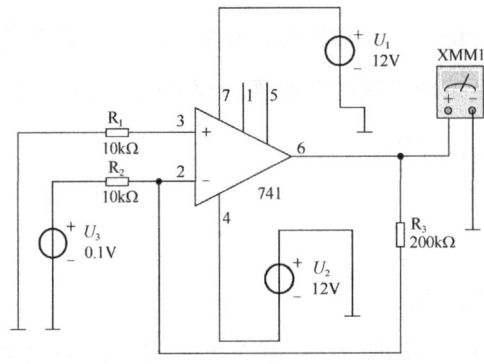

图 1-7　反相比例放大器仿真电路

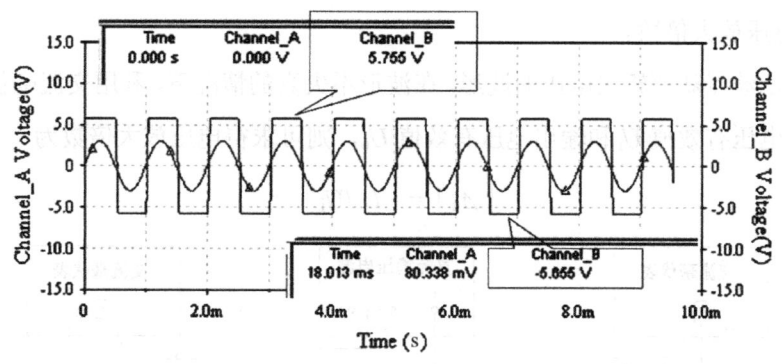

图 1-8　电路仿真图

1.4.2　模拟电子技术实验的一般方法

1. 放大电路的调整与测试

（1）放大电路静态工作点的调整与测试。

将放大电路接通直流稳压电源，不加输入信号，用万用表的直流电压挡测量电路中有关点的直流电位，如 U_B、U_E、U_C，通过公式计算出 U_{BE}、U_{CE} 和 I_E（$U_{BE}=U_B-U_E$，$U_{CE}=U_C-U_E$，$I_E=U_E/R_E$）。放大电路 Q 点测试接线示意图如图 1-9 所示。

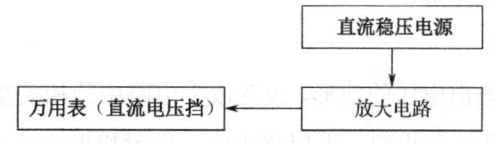

图 1-9　放大电路 Q 点测试接线示意图

要保证静态工作点处于放大区，并将测试值与理论估算值进行比较。若偏差不大，则可调整放大电路中的有关电阻，使电位值达到所需值；若偏差太大或不正常，则应检查放大电路是否有故障、测量方法是否错误、读数是否正确等。

（2）放大电路动态参数的调整与测试。

在将放大电路静态工作点调试好以后，利用信号发生器加一定频率和幅度的正弦波输入信号，用示波器监测输入端和输出端的交流信号波形，用交流毫伏表测量输入端和输出端的交流电压有效值，放大电路动态参数测试接线示意图如图 1-10 所示。需要测试的内容包括放大电路的电压放大倍数、输出电压的动态范围、波形失真现象、输入电阻和输出电阻等。

① 电压放大倍数。

先用示波器观察输出电压的波形，在波形不失真的情况下，利用交流毫伏表分别测量输入电压有效值 U_i 和输出电压有效值 U_o，则可求得电压放大倍数为

$$| A_u | = | U_o/U_i |$$

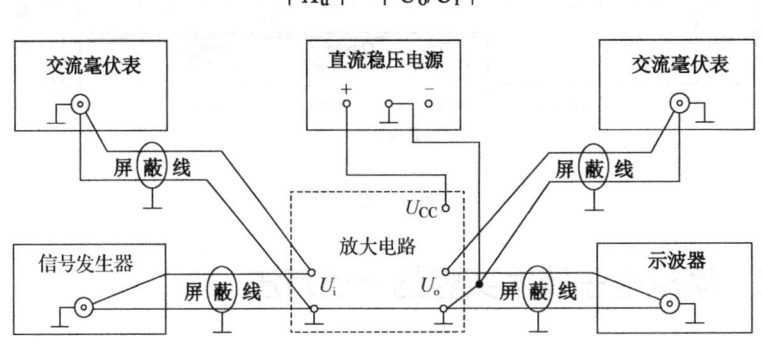

图 1-10　放大电路动态参数测试接线示意图

② 输出电压的动态范围。

利用示波器观察输出电压的波形，逐渐增加输入电压的幅度，直至输出电压出现失真的临界点（出现平顶但不产生明显失真），利用示波器测量该电压的峰-峰值，即可得出该放大电路输出电压的动态范围。用交流毫伏表测量此输出电压，即可得到最大不失真输出电压的有效值。

③ 波形失真现象。

利用示波器观察输出电压的波形，改变放大电路中的相关参数（如电源电压、输入电压、基极电阻、集电极电阻、发射极电阻、发射极电容等），观察波形出现的失真现象并分析原因。

④ 输入电阻。

放大电路输入电阻的测量电路如图 1-11 所示。用示波器监测输出电压，其波形应为不失真的正弦波，选择 R_W 为与 R_i 同一数量级的电阻。

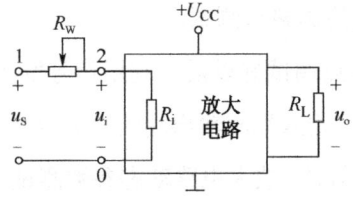

图 1-11　放大电路输入电阻的测量电路

方法 1：先利用交流毫伏表测量 "1" 端信号源输出电压 u_S 的有效值 U_S，再利用交流毫伏表测量 "2" 端输入电压 u_i 的有效值 U_i，则输入电阻为

$$R_i = \frac{U_i}{I_i} = \frac{U_i}{(U_s - U_i)} R_W$$

方法 2：先利用交流毫伏表测量 "1" 端信号源输出电压 u_S 的有效值 U_S，再利用交流毫伏表测量 "2" 端输入电压 u_i 的有效值 U_i，调节 R_W，使 $U_i = U_S/2$，断开电源，然后利用万用表的电阻挡测量此时 R_W 的值，则输入电阻为

$$R_i = R_W$$

⑤ 输出电阻。

放大电路输出电阻的测量电路如图 1-12 所示。用示波器监测输出电压，其波形应为不失真的正弦波，选择 R_L 为与 R_o 同一数量级的电阻。

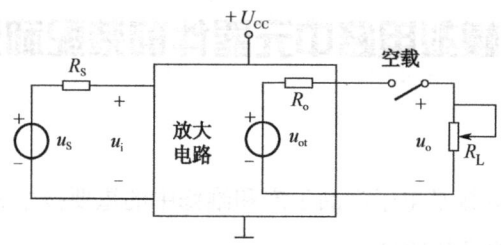

图 1-12 放大电路输出电阻的测量电路

方法 1：先断开负载电阻，利用交流毫伏表测量输出空载时的输出电压 u_{ot} 的有效值 U_{ot}，再将负载电阻接入，用交流毫伏表测量加负载后的输出电压 u_o 的有效值 U_o，则输出电阻为

$$R_o = \left(\frac{U_{ot}}{U_o} - 1 \right) R_L$$

方法 2：先断开负载电阻，利用交流毫伏表测量输出空载时的输出电压 u_{ot} 的有效值 U_{ot}，再将负载电阻接入，用交流毫伏表测量加负载后的输出电压 u_o 的有效值 U_o，调节 R_L，使 $U_o = U_{ot}/2$，断开电源，利用万用表的电阻挡测量此时 R_L 的值，则输出电阻为

$$R_o = R_L$$

2．集成运算放大器的使用规则

（1）了解集成运算放大器的封装及引脚排列。使用前要查手册，了解所用集成运

算放大器的封装及引脚排列，特别要注意集成运算放大器的正、负电源端，输出端，以及同相、反相输入端的位置。

（2）接线正确可靠。集成运算放大器的工作电流很小，如输入电流为纳安级，故集成运算放大器的各端点必须接触良好，否则电路将不能正常工作。集成运算放大器的输出端不能与地、电源短接，输出端所接负载电阻也不能过小，否则可能损坏器件。

（3）输入信号不能过大。当输入信号过大时，输出值升到饱和值，集成运算放大器不再响应输入信号，即使输入信号回零，输出值仍保持饱和值而不回零，只有切断电源重新启动后，才能重建正常关系，这种现象叫阻塞或自锁。

（4）电源电压不能过高，极性不能接反。

（5）某些集成运算放大器需要调零。

1.5　模拟电路中元器件的装配和焊接

元器件的装配和焊接是电子产品生产和维修中的重要技术和工艺，装配和焊接的好坏直接影响电子产品的质量。

（1）焊接前一般需要先对被焊元器件的引线进行清洁、预镀锡和成型。

（2）清洁印制电路板的表面（主要目的是去除氧化层），检查焊盘和印制导线是否有短路点等缺陷。

（3）熟悉相关印制电路板的装配图，并检查所有元器件的型号、规格及数量是否符合图纸的要求。

（4）元器件装配和焊接顺序的原则是先低后高、先轻后重、先耐热后不耐热。一般元器件的装配和焊接顺序依次是电阻、电容、二极管、三极管、集成电路、大功率管等。

1.5.1　元器件的装配工艺

单面印制基板的两面分别叫作元器件面和焊接面。在将元器件装配到印制基板上之前，一般要先进行加工处理，再进行插装。良好的成型及插装工艺不但能提高焊接质量，使电子产品具有性能稳定、防震、不易损坏等优点，还能使成品达到整齐美观的效果。

在装配元器件时，一定要认真仔细、一丝不苟，注意元器件或集成块不要接错且方向不要接反，线路不要错接或漏接并要保证接触良好，电源线和地线不要短路。

1．绝缘导线端头焊前加工及上锡

要求：导线在经过处理后无伤痕，镀锡层均匀，表面光滑，无毛刺和残留物。

（1）按所需长度截取导线。

（2）用剥线钳或剪刀等剥出长度适当的线头。

（3）对多股导线进行捻头处理。

（4）将加工后的导线端头及时沾上助焊剂，放入锡锅浸锡或用电烙铁上锡。

2．元器件引线焊前加工及上锡——一剥、二拧、三镀锡

（1）将元器件引线校直。

（2）清洁元器件引线头表面，去除氧化层。

在给元器件引线上锡前，必须先去掉引线上的杂质，这是因为虽然在制造元器件引线时就要求其具有可焊性，但由于生产工艺的限制，加上包装、储存和运输等中间环节时间较长，引线表面会产生氧化膜，这将使引线的可焊性严重下降。

操作方法：用壁纸刀或其他锋利工具沿引线方向从距离引线根部 2mm 处向外刮，边刮边转动引线，直到引线表面的氧化物刮净为止。也可用细砂纸擦去杂质。

（3）将刮净后的引线及时沾上助焊剂，放入锡锅浸锡或用电烙铁上锡。

3．元器件引线成型

在工厂生产中，元器件引线多采用模具成型，而业余爱好者一般用尖嘴钳或镊子使无器件引线成型。元器件引线成型形状有多种，可根据具体情况确定将元器件引线做成什么形状的。常用工具有尖嘴钳、平口钳、圆口钳、偏口钳、镊子等。

元器件引线成型工艺就是根据焊点之间的距离，将元器件引线做成所需形状。元器件引线成型的目的是使元器件能迅速而准确地插入焊孔内，基本要求如下。

（1）在折弯元器件引线时应注意，折弯处距离引线根部不小于 2mm。

（2）在元器件引线成型过程中，应注意使元器件的标称值、文字及标记朝向最易查看的位置，以便检查和维修。

（3）元器件引线弯曲半径不应小于引线直径的两倍。

（4）怕热元器件的引线应加长，且成型时应设计成环绕形式。

（5）元器件引线成型后不允许有机械损伤。

元器件引线成型的参数如图 1-13 所示。

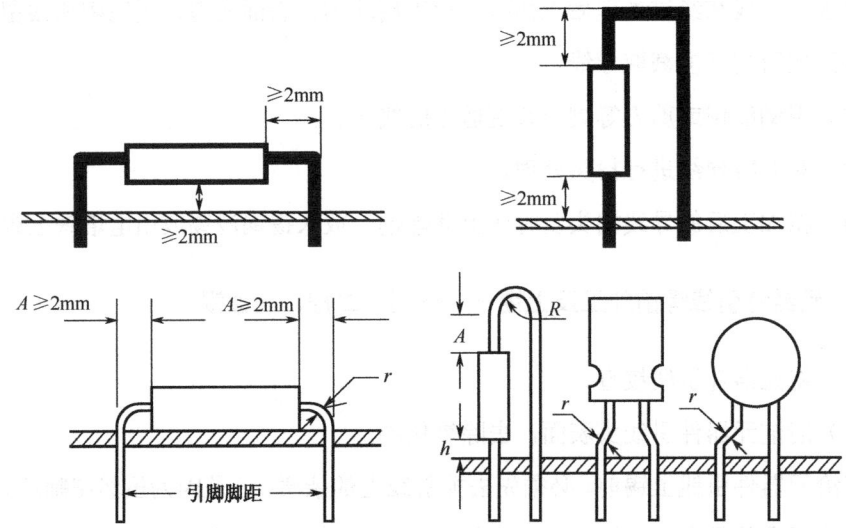

A—折弯处到引线根部的距离；R—引线的弯曲半径；r—引线直径；h—元器件距印制电路板的高度。

图 1-13　元器件引线成型的参数

4．元器件的插装

元器件的插装可分为卧式插装、立式插装、横向插装、倒立插装和嵌入插装。

（1）卧式插装。

卧式插装是指将元器件紧贴印制电路板的板面水平放置的插装方式。卧式插装的优点是稳定性好，元器件容易排列，维修方便。电阻、轴向电容、半导体二极管常采用卧式插装方式。元器件的卧式插装如图 1-14 所示。

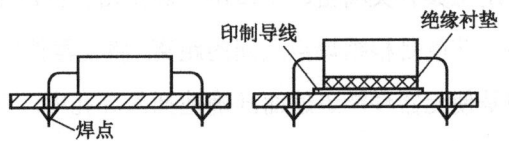

图 1-14　元器件的卧式插装

（2）立式插装。

立式插装是指将元器件垂直插入印制电路板的插装方式。立式插装的优点是元器件密度大，拆卸方便。非轴向电容和三极管常采用立式插装方式，如图 1-15 所示。

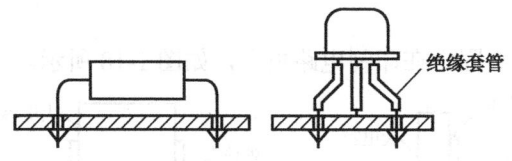

图 1-15　元器件的立式插装

（3）横向插装。

横向插装是指先将元器件垂直插入印制电路板，然后将其朝水平方向折弯的插装方式。三极管、热敏电阻常采用横向插装方式，如图 1-16 所示。

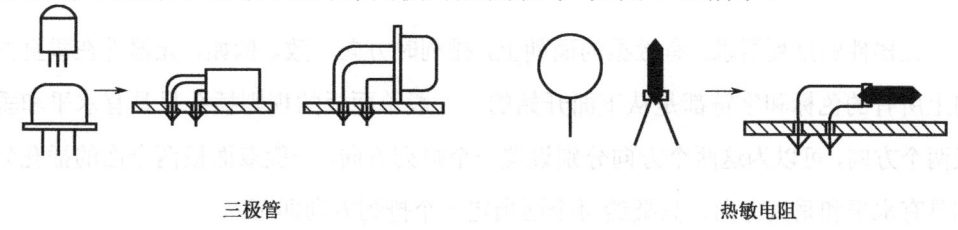

三极管　　　　　　　　　　　　　　　　　　　热敏电阻

图 1-16　元器件的横向插装

（4）倒立插装和嵌入插装。

倒立插装或嵌入插装是指将元器件倒立置于印制电路板上或嵌入印制电路板的插装方式，如图 1-17 所示。

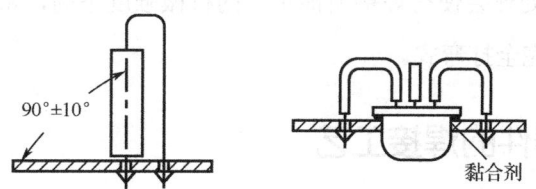

图 1-17　元器件的倒立插装和嵌入插装

5．一些特殊元器件的安装

（1）变压器。

变压器一般本身带有固定脚，安装时把固定脚插入印制电路板上对应的孔位，然后焊接即可。大型的电源变压器一般都不放在印制电路板上，如果需要放在印制电路板上，则要用螺钉将其固定，螺钉上要加弹簧垫圈。在这里提出一点，这类变压器的插孔一般设计在印制电路板的边缘处，最好靠近印制电路板的固定处，否则印制电路板受压过大，易被折断。

（2）大电容。

大电容可用弹性夹固定在印制电路板上，如图 1-18 所示。

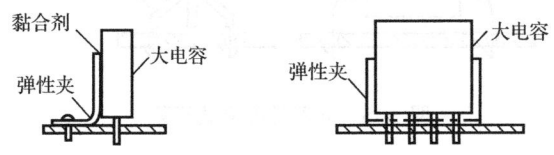

图 1-18　大电容的安装

6．元器件的排列

元器件的排列要求：有数据的面朝上，排列时方向一致。例如，元器件在垂直方向上所有的色标和字符都是从下面开始的。一般单面板的规则插孔只具有水平和垂直两个方向，可以为这两个方向分别设置一个排列方向。一般双面板两个面的插孔分别具有水平和垂直方向，只要给每个面指定一个排列方向即可。

7．元器件插装后的引脚处理

元器件被插装到印制电路板上的插孔中后，其引线穿过焊盘还应留有 1～2mm 的余量，这样才可以保证锡焊后的焊点具有一定的机械强度。

对引脚的不同处理会使得焊接所能承受的机械强度不同，常用的处理方式有直插式、半打弯式和完全打弯式。

1.5.2　元器件的焊接工艺

1．对焊点的基本要求

在完成元器件的装配后，焊接便成为最主要的工作。一块印制电路板上有很多个焊点，只要其中一个出了问题，就会影响整个电路的工作。在焊接时不仅要保证焊接质量，还要提高焊接速度。就焊点而言，有以下几个要求。

（1）焊点要有足够的机械强度。

（2）焊点要可靠，且要具有良好的导电性能，不能虚焊。

（3）焊点表面要光滑、清洁。正确的焊点形状如图 1-19 所示。

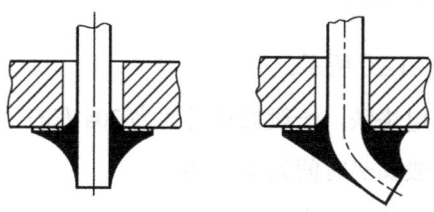

图 1-19　正确的焊点形状

2．焊接的操作要领

（1）焊接工具：电烙铁、镊子、尖嘴钳、斜口钳、焊料、助焊剂等。

（2）对引线进行处理。

（3）助焊剂的用量要适当：用量过少，会影响焊接质量；用量过多，其残渣会腐蚀元器件或印制电路板。

（4）控制好焊接的温度和时间。

焊接的温度过低，会使焊锡流动性差，很容易凝固，从而导致虚焊；焊接的温度过高，会使焊锡流淌，不易形成焊点，加快助焊剂分解速度，加速金属表面氧化，并导致焊盘脱落。

焊接的时间视被焊件的形状、大小不同而有差异。

（5）加焊料的方法：先将电烙铁头同时接触被焊件引线和焊盘，使其同时受热，然后加焊料。

（6）在焊接过程中，被焊件不能晃动，否则会导致虚焊。

（7）检查有无漏焊、假焊、虚焊现象，可用镊子摇一摇被焊件，观察其有无松动。

3．手工焊接过程

在电子产品制作领域，常把手工锡接过程归纳为 8 个字：一刮、二镀、三测、四焊。

"一刮"是指处理被焊件的表面，方法与前面对被焊件进行焊前处理的方法一致。

"二镀"是指对被焊部位进行镀锡处理。

"三测"是指用万用表等仪器仪表对镀过锡的元器件进行质量判断与参数检查，防止该元器件在上板前已经损坏。此外要注意，有些易损件在不当焊接操作下会损坏。

"四焊"是指最后把测试合格的、已完成上述 3 个步骤的元器件焊接到印制电路板上。

4．手工焊接一般操作方法

（1）五步焊接法如图 1-20 所示。

① 准备施焊，加热电烙铁，一般加热时间为 30s 左右。

② 加热被焊件，一般加热时间为 4～10s。

③ 熔化焊料，一般加热时间为 1～4s。

④ 移开焊锡，沿 45°方向移开。

⑤ 移开电烙铁，沿垂直方向或 45°方向移开。

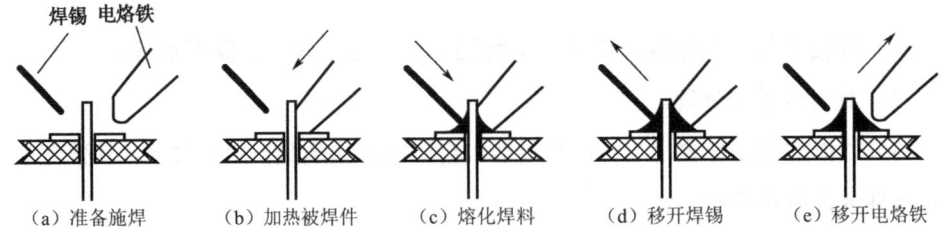

（a）准备施焊　（b）加热被焊件　（c）熔化焊料　（d）移开焊锡　（e）移开电烙铁

图 1-20　五步焊接法

（2）三步焊接法如图 1-21 所示。

对于热容量小的被焊件（如印制电路板上较细的导线）的焊接，可以简化为三步操作。

① 准备施焊。

② 同时加热被焊件和焊料。

③ 同时移开焊料和电烙铁。

（a）准备施焊　　　（b）同时加热被焊件和焊料　　　（c）同时移开焊料和电烙铁

图 1-21　三步焊接法

5．焊接完后，在焊接面剪去多余引线（齐根剪去）

1.6　模拟电路的调试

1.6.1　调试前仔细检查电路并做好调试准备

（1）安全检查。主要检查是否存在可能危及人身及设备安全的隐患，以及电源是否连接正确。

（2）接线检查。对照电路原理图检查电路接线是否正确，包括元器件（特别是三极管类元器件）连接是否正确、有极性的元器件（如二极管、电解电容等）是否接反。

（3）直观检查。电源线和地线不能短路，输出端也不能短路。

（4）准备好调试用的仪器设备和工具。在调试过程中要充分利用实验室中的万用表、示波器、信号发生器、交流毫伏表等仪器设备和工具。检查仪器设备或仪表的挡位是否正确。

1.6.2　熟悉待调试电路的性能指标

由于模拟电路的种类很多，不同电路的性能指标和实现的功能相差很大，所以有必要根据其特点进行相应的调试。

（1）放大电路的主要性能指标：电压放大倍数、输入电阻、输出电阻等。

（2）功率放大器的主要性能指标：最大不失真输出电压、最大输出功耗、效率、静态功耗、电源功耗等。

（3）集成运算放大器的主要性能指标：差模电压放大倍数、失调电压、失调电流、共模抑制比等。

（4）直流稳压电源的主要性能指标：最大输出电流、输出电压、电压调节范围、保护特性、效率、过冲幅度、输入电压调整因数、稳压系数、输出电阻、温度系数、纹波电压、纹波抑制比等。

1.6.3　通电测试

（1）通电观察。

电路经检查无误后方可通电。通电后不要急于测量，要先观察有无异常现象，如打火、冒烟、有异常响声或气味、元器件发烫等。如有异常现象应立即切断电源，待排除故障后，方可重新通电。

（2）空载测试。

（3）带负载测试。

1.7　模拟电路常见故障的诊断与排除

如果所采用的检测方法是正确的，但电路却不能实现预期的技术目标或逻辑功能，则称电路有故障。电路在工作或调试过程中难免会出现故障，所以要善于用理论与实践相结合的方法，充分理解电路和所用元器件的工作原理、外部特性、正确参数等，从理论上去分析故障原因，借助合适的工具去寻找故障源，这是电子电路维修的关键，故障诊断是故障排除的前提。

1.7.1　模拟电路常见一般故障的诊断与排除

1. 模拟电路常见一般故障的原因

模拟电路常见一般故障的原因有接触不良、接线错误、断路、短路、元器件损坏、设计有缺陷、工作环境恶劣等。

（1）接触不良。

电路中的插件接触不良、焊点虚焊或假焊、开关和电位器等接触不良、腐蚀气体造成金属氧化、机械损坏、导线金属部分未能充分接触多孔实验插座板等，都可能使电路工作不稳定。由接触不良导致的电路故障表现为时好时坏，带有一定的偶发性。例如，开机时工作正常，一段时间后，元器件温度升高，故障就出现了。减少这类故障的办法是，在安装过程中尽量保证每一根导线都接触良好（导线的金属裸露部分不可过短）、集成电路平稳牢固地安装、采用优质多孔实验插座板等。

（2）接线错误。

在实践中大量电路故障原因为接线错误，如导线错接、漏接等。

（3）断路。

断路故障是指由电路中的电气节点（包括信号线、传输线、测试线、连接点）断路导致的故障，可能由焊接过程中的断线、漏线、插错孔位、虚焊等引起。

这类故障一般表现为相关节点的电压不正常，可用万用表或示波器（配合测试信号）从源头沿一定路径逐段查寻，找出信号中断的节点。

（4）短路。

短路故障是指由电路中的电气节点短路导致的故障。例如，电源正极与地线短路会导致电源电压为零（或电源指示灯异常熄灭）等。常见的原因：焊接过程中桥接出错，即相近导线连在一起造成短路；导线的金属裸露部分过长，导致相近导线连在一起，从而造成短路；焊接过程中插错孔位。

（5）元器件损坏。

元器件损坏是指电路中的元器件，如电阻、电容、电感、二极管、三极管、集成电路等，因质量问题、超期使用或过载使用而性能下降或损坏。例如，电阻因使用时间过长而老化，电容、变压器在使用中因过载而导致绝缘层被击穿，二极管被反向击穿，集成电路因输出端错误接地而损坏，等等。由元器件损坏导致的电路故障表现为电路无输出信号，或集成电路发烫，或集成电路电源端的电压近似为零，或集成电路输入端的信号正常而输出没有达到规定的值。通过检查元器件是否有过热的现象、集成电路方向是否插错、电源指示灯是否正常，以及输入规定信号进行测试，可以发现故障点或可疑点。在外围电路连接无误的情况下，可用经检查合格的元器件替换可疑元器件，若替换可疑元器件后电路工作恢复正常，则可确定该可疑元器件损坏。若元器件烫手，则很可能是电源出了故障，此时须先排除电源故障再检测元器件功能。

（6）设计有缺陷。

若出现未预料到的不良现象，则需要改变某些元器件的参数或更换元器件，甚至需要修改电路设计。

（7）工作环境恶劣。

工作环境恶劣，如温度过高、湿度过大、受到强烈的电磁干扰等，也会导致电路故障。

2. 模拟电路常见一般故障的查找与排除方法

当模拟电路系统中同时出现多个故障时，应首先查找对系统工作影响最大的故障，将其排除后再查找其他故障。在排除故障后，还应检查系统功能是否已完全恢复，有没有带来一些其他问题。只有模拟电路系统的功能完全恢复了，且达到了规定的技术要求，同时没有带来其他问题，才算将故障完全排除了。

下面介绍在电路设计和接线图安装正确的前提下，模拟电路常见一般故障的查找与排除方法，包括观察法、仪器仪表检测法、信号寻迹法、逐级跟踪对半分隔检查法、断开反馈线检查法、对比法、替换法等。

（1）观察法。

观察法适用于对故障进行初步查找，可以发现一些较明显的故障。

① 观察印制电路板及元器件表面是否有烧焦的痕迹，以及连线及元器件是否脱落、断裂等。

② 观察仪器的使用情况，如仪器的类型选择是否合适，其功能、量程的选用有无差错，共地连接的处理是否妥当等。要先排除外部故障，再进行电路本身的观察。

③ 观察电路的供电情况，如电源的电压值是否符合要求、极性是否正确，以及电源是否已正确接入了电路等。

④ 观察元器件的安装情况，如电解电容的极性、二极管和三极管的引线端子、集成电路的引线端子有无错接、漏接、互碰等情况，安装位置是否合理，对干扰源有无屏蔽措施等。特别要检查集成电路的电源线和地线连接是否正常，插接方向是否正确，有无未处理的闲置输入端（特别是控制输入端和 CMOS 的输入端）等。

⑤ 观察布线情况。应对照安装接线图检查电路的接线有无错线、断线或漏线情况，特别要注意电源线和地线、输入线和输出线、强电线和弱电线、交流线和直流线等是否违反布线原则。

⑥ 通电观察。经以上检查无误后，可接通电源，观察元器件有无发烫、冒烟等情况，变压器有无焦味、发热及异常声响。

（2）仪器仪表检测法。

① 电源电压检测。用万用表的直流电压挡测量电源端与地线之间的电压值。须用万用表的表笔直接接触集成电路的电源引脚和地线引脚，测量电源电压是否在正常范围内。若电压为零，则表示电源短路或开路。

② 电阻检测。若电源短路或开路，则应先关闭电源，再用万用表的"×10"挡逐级测量电源端与地线之间的电阻值，直至找到短路点或断路点。

③ 其他元器件检测。先将被测元器件（如二极管、电容、电位器、开关等）从电路中分离出来，再用万用表检测，以判断被测元器件是否失效。若检测电解电容，则应先用导线将其正端对地短路，使其中的存储电荷泄放掉再检测，否则可能损坏万用表。为了保护元器件，不要使用万用表的高阻挡和低阻挡，以防止高电压或大电流损坏电路中半导体元器件的 PN 结。

④ 静态带电测量，用于检测晶体管静态工作点是否正常及集成器件的静态参数是否符合要求等。使电路固定在某一故障状态下，用万用表测量怀疑有故障的电路点电压是否正常，从而判断故障的位置。

（3）信号寻迹法。

信号寻迹法是指根据需要在电路输入端加入符合要求的信号，按照信号的流向从前级到后级用示波器或电压表等仪器逐级检查信号在电路内各部分之间传输的情况，分析电路的功能是否正常，从而判断故障所在位置的方法。应在电路静态工作点正常的条件下使用这种方法。

（4）逐级跟踪对半分隔检查法。

先从输入端输入信号，然后按信号流向从输入到输出（或从输出到输入）逐级检查各级输入和输出是否正常，直到找出故障的位置。若发现某级输出不正确或无输出，则说明故障就发生在该级或下级电路，这时应将级间连线断开，进行单独测试。若断开后该级电路工作正常，则说明故障在下级电路；若断开后下级电路工作正常，则说明故障在该级电路。

若电路由大量模块级联而成，则可采用逐级跟踪对半分隔法检查法以加快查找故障的速度。例如，某电路由 8 个模块级联而成，可把它分隔成两个等分的部分，先检测模块 4 的输出，若输出正常，则说明故障出现在模块 5 到模块 8 中；再检测模块 6 的输出，若输出异常，则说明故障出现在模块 5 或模块 6 中；再检测模块 5，若输出异常则表示故障出现在模块 5 中，若输出正常则表示故障出现在模块 6 中。这样只测 3 次就可查明故障的位置，如图 1-22 所示。

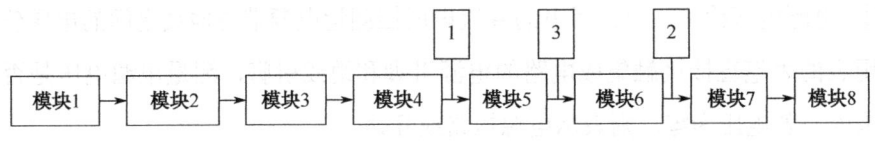

图 1-22　逐级跟踪对半分隔检查法

（5）断开反馈线检查法。

对于有反馈线的闭合电路，其各级之间相连，必要时可先断开反馈线检查各级工作是否正常，再判断故障的位置，或进行状态预置后再查找故障的位置。对自激振荡现象也可以用这种方法检查。

（6）对比法。

当怀疑某一电路存在问题时，可找一个相同的正常电路与其进行比对，将两者的状态、参数等逐项进行对比，即可很快找到电路中不正常的参数，进而可以分析出故障原因并找到故障的位置。

（7）替换法。

当怀疑某部分电路或某个元器件有故障时，可用完全相同的电路或元器件进行替换，若替换后故障消除，则说明原电路或元器件有故障。替换法的优点是方便易行，在查找故障的同时也排除了故障；其缺点是替换的电路或元器件有可能被损坏，因此应慎重，在确定原电路或元器件确有故障且替换后不会损坏新电路或元器件的情况下才可使用此法。

1.7.2　模拟电路常见特有故障的诊断与排除

1. 模拟电路常见特有故障的原因

模拟电路常见特有故障的原因有设计问题、元器件选用不当、仪器使用不当、静态工作点设置不当、外围电路不正常、工作中存在各种干扰等。

（1）设计问题。

实践表明，新组装的电路往往很难达到预期效果，因为半导体元器件不可避免地存在参数值的误差、参数的分散性、寄生参数等客观影响因素，以及一些设计者事先难以预见的因素，如设计时忽略了电子元器件的参数和工作条件、电源电压过高或过低等，这些因素可能会导致电路设计出错或无法满足设计的技术要求。

（2）元器件选用不当。

① 元器件选择不当，如二极管、三极管有很多种类，要根据其材料、功能、结构、极限参数、反向参数和频率参数等合理地进行选择；电阻及电容的种类和取值很多，非常容易搞错。

② 元器件使用不当，如极性电容、二极管、三极管的引脚接反；变压器的初级与次级接反；集成运算放大器的同相和反相输入端接反，电源线和地线接错，没有按要求调零，型号及插装方向错误；等等。

（3）仪器使用不当。

例如，用万用表的"×1"挡（电流较大）和"×10k"挡（电压较高）测量某些元器件可能会使元器件损坏；测量电压的仪器输入电阻过低、频带过窄会导致测量结果不准确，以致做出错误判断；测量仪器的地线与被测电路的地线没有良好连接并形成系统的参考地电位会导致测量结果出错；高频时未使用带探头的测量线会使分布电容影响测量结果；测试线故障（如测试线断线、接触不良等）、测试点接错等会导致无法得到正确的测量结果；测量高频正弦波信号的电压表要用交流毫伏表或示波器，否则无法得到正确的测量结果。

（4）静态工作点设置不当。

静态工作点设置不当将导致信号严重失真甚至无法放大。

（5）外围电路不正常。

若输入信号过大，则集成运算放大器将工作于非线性状态，不能正常工作。

过载将导致直流稳压电源输出降得太低。

（6）工作中存在各种干扰。

测量仪器与被测电路的共地问题处理不当会引入干扰。

来自公共电源的低频和高频干扰会影响电路工作的稳定性，本级电路交流信号可通过公共电源影响其他电路。为此可在电源端对地加两个旁路电容，通常取一大一小，其中一个电容容值为几十微法到几百微法，用于滤除低频干扰；另一个电容容值为 0.001～0.1μF，用于滤除高频干扰。

2．模拟电路常见特有故障的查找与排除方法

下面介绍在电路设计和安装接线图正确的前提下，模拟电路常见特有故障的查找与排除方法。

（1）示波器观察法。

放大电路应能基本不失真地实现对正弦波的放大，因此常用示波器观察输入及输出波形，如果出现失真现象，则可根据具体情况调整参数，如当波形出现"平顶"失真时可将电源电压适当提高。

（2）用直流电压表检测静态工作点。

因为只有将静态工作点设置在放大区，放大电路才能基本不失真地对信号进行放大，所以须检测静态工作点的位置设置的是否合适。

（3）用交流毫伏表检测放大电路或正弦波振荡器的输出电压。

由于放大电路是对交流小信号进行放大，所以需要通过交流毫伏表检测输入及输出电压是否正常，以判断故障的原因和位置。

第2章

模拟电子技术实验

本章教学重点

模拟电子技术实验（11个）。

2.1　模拟电子技术实验常用仪器的使用

1. 实验目的

（1）具备正确使用智能真有效值交流数字毫伏表（以下简称交流毫伏表）测量交流电压信号有效值的能力。

（2）具备正确使用数字合成信号发生器（以下简称信号发生器）、熟练地调节信号发生器的频率和幅度的能力。

（3）具备正确利用双踪数字示波器（以下简称示波器）观察各种波形的能力。

2. 实验仪器

实验仪器如表 2-1 所示。

表 2-1　实验仪器

名　　称	型　　号	数　　量
网络型模拟电子技术实验装置	THDW-M1 型	1 台
交流毫伏表	THDW-M1 型	1 台
信号发生器	TH-SG10 型	1 台
示波器	RIGOL DS1052E 型	1 台

3. 实验接线图

实验接线图如图 2-1 所示。

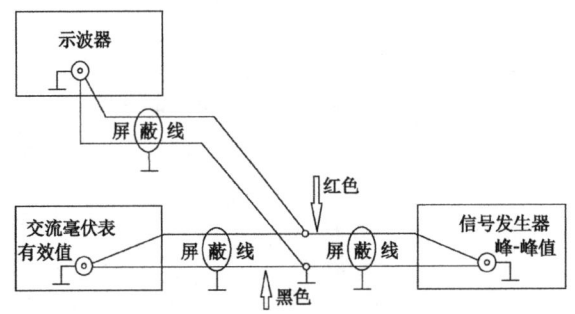

图 2-1　实验接线图

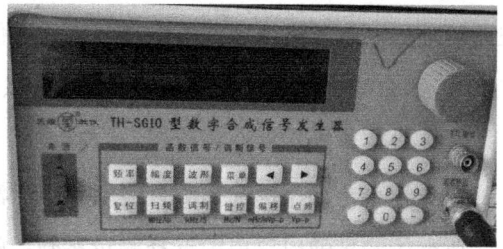

图 2-1　实验接线图（续）

4．实验预习要求

（1）自学本书第 1 章中关于实验的基础知识，特别是实验室安全操作规程和撰写实验报告的相关内容。

（2）仔细阅读附录 A 中实验仪器的功能介绍及使用说明，从理论上学习实验仪器的正确使用方法。

5．实验步骤与内容

（1）按图 2-1 接线。

将信号发生器的输出端和交流毫伏表的输入端相连，同时和示波器的通道 1 输入端并联。在接线时应注意，为防止外界干扰，各仪器的公共接地端应连接在一起（称为共地）。信号发生器和交流毫伏表的引线通常为屏蔽线或专用电缆线，示波器接线使用专用探头。

（2）使信号发生器输出一定频率、幅度的正弦波信号。

打开信号发生器的电源或按信号发生器面板上的"复位"键，自动进入"点频"功能模式，波形显示区显示当前波形"～"，频率为 10 kHz，幅度峰-峰值为 2V。

① 频率设定：依次按"频率"→"1"→"kHz"键（也可以用调节旋钮输入），使之输出频率为 1kHz。

② 幅度设定：依次按"幅度"→"5"→"0"→"mVpp"键（也可以用调节旋钮输入），使之输出幅度峰-峰值接近 50mV。

（3）利用示波器显示并测量正弦波的峰-峰值。

① 打开示波器电源。

② 将探头菜单衰减系数设定为"10X"，并将探头上的开关设定为"×10"。

③ 按"AUTO"（自动设置）按钮。示波器将自动设置使波形显示达到最佳效果。

在此基础上，可以进一步调节垂直、水平挡位，直至显示的波形符合要求。

④ 测量峰-峰值。按"Measure"按钮以显示自动测量菜单。

按 1 号菜单操作键选择信源：CH1。

按 2 号菜单操作键选择测量类型：电压测量。

在电压测量弹出菜单中选择测量参数：峰-峰值。此时，可以在屏幕左下角发现峰-峰值的显示。

注意： 测量结果在屏幕上的显示会因为被测信号的变化而改变。

（4）利用交流毫伏表测量电压有效值。

① 打开交流毫伏表的电源。

② 调节信号发生器的调节旋钮（相当于细调幅度，因为此时为幅度设定状态），用交流毫伏表测出如表 2-2 所示的 6 组电压有效值。

表 2-2　f=1kHz 时的不同幅度电压有效值测量（$U_{p-p}\approx 2.8U_i$）

用交流毫伏表测量电压有效值 U_i	15mV	100mV	500mV	1V	2V	3V
在信号发生器上设置幅度峰-峰值（近似值）U_{p-p}/ mV	43	280	1400	2800	5600	8400

③ 同时用示波器测量正弦波的幅度峰-峰值及频率（相应地按示波器上的"AUTO"按钮，以便能够在示波器屏幕上看到清晰、稳定的正弦波）。

（5）利用示波器显示并测量正弦波的频率。

① 调节信号发生器的正弦波输出幅度（粗调结合细调），使之输出幅度有效值约为 100 mV（用交流毫伏表测出）。

② 按示波器上的"AUTO"按钮，使之能正常显示出正弦波。

③ 测量频率。按"Measure"按钮以显示自动测量菜单。

按 3 号菜单操作键选择测量类型：时间测量。

在时间测量弹出菜单中选择测量参数：频率。此时，可以在屏幕下方发现频率的显示。

注意： 测量结果在屏幕上的显示会因为被测信号的变化而改变。

④ 不断调节信号发生器的正弦波输出频率（粗调结合细调），同时用示波器观察并测量正弦波的频率，使之分别按如表 2-3 所示频率输出信号。

表 2-3　幅度有效值约为 100 mV 时的不同频率测量

示波器测出的信号频率	100Hz	1kHz	10kHz	50kHz	100kHz
对应信号周期	10ms	1ms	0.1ms	20μs	10μs

（6）利用示波器显示矩形波。

① 按信号发生器上的"波形"键，使输出的波形在正弦波和矩形波之间切换。

② 按示波器上的"AUTO"按钮，使之能正常显示相应波形。

6．实验报告内容

（1）整理实验数据，并将其填入相应的表格。

（2）总结用示波器测量交流信号幅度和周期的方法。

（3）回答思考题：交流毫伏表适合测量什么信号的什么参数？

2.2　二极管、三极管的识别与检测

1．实验目的

（1）学会正确使用万用表的欧姆挡。

（2）学会正确判别二极管的极性及其性能好坏。

（3）学会正确判别三极管的极性及其性能好坏。

2．实验器材及工具

实验器材及工具如表 2-4 所示。

表 2-4　实验器材及工具

名　　称	型　　号	数　　量
指针式万用表（选用）	MF-500 型	1 只
数字万用表	DT-830/831 型	1 只
二极管	各类型号	若干
三极管	各类型号	若干

3. 实验原理

根据二极管的一个 PN 结和三极管的两个 PN 结的单向导电性，即正向电阻小（几千欧以下）、反向电阻大（几百千欧以上）的特点，利用万用表的欧姆挡判别二极管、三极管的极性及其性能好坏。

特别提示：在用万用表的欧姆挡测二极管、三极管的电阻时，一般使用"×100"挡或"×1k"挡。

1）二极管极性的判别

（1）目测判别二极管的极性。

① 观察二极管外壳上的符号标记。在二极管的外壳上通常标有二极管的符号，带有三角形箭头的一端是正极，另一端是负极，如图 2-2（a）所示。如果是透明玻璃壳二极管，则可直接看出极性，即内部连触丝的一端是正极，连半导体片的一端是负极，如图 2-2（b）所示。

图 2-2　二极管外壳上的符号标记

② 观察二极管外壳上的色点。在点接触型二极管（如 2AP1～2AP7，2AP11～2AP17 等）的外壳上通常标有极性色点（白色或红色）。一般标有色点的一端为正极。

③ 观察二极管外壳上的色环。有的二极管外壳上标有色环，如塑封二极管 1N4000 系列。一般带色环的一端为负极。

④ 观察二极管外壳上的专用符号。有些二极管用二极管专用符号来表示极性，也有些二极管用"P""N"符号来表示极性。发光二极管的正、负极可根据引脚长短来判别，即长引脚端为正极，短引脚端为负极。

二极管外壳上的专用标记如图 2-3 所示。

（2）用指针式万用表判别二极管的极性（选做）。

外壳上无标记的二极管的极性可用指针式万用表的欧姆挡来判别。在测量时，要根据二极管的功率、种类选择不同欧姆挡：小功率二极管一般用"×100"挡或"×1k"挡，稳压二极管一般用"×10k"挡，发光二极管一般用"×10k"挡，光电二极管一般用"×1k"挡。

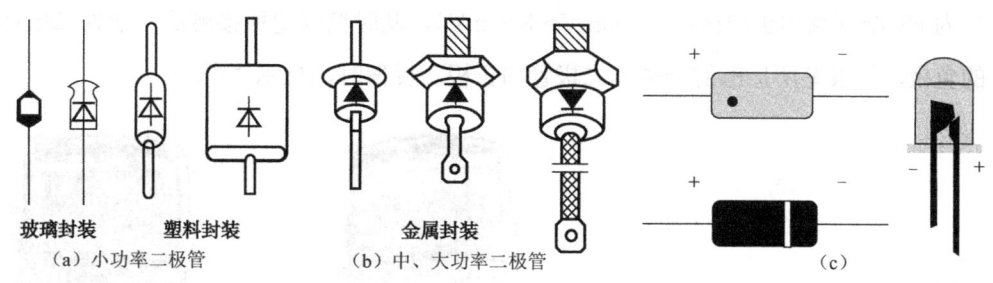

玻璃封装　　塑料封装　　　　　金属封装

（a）小功率二极管　　　（b）中、大功率二极管　　　（c）

图 2-3　二极管外壳上的专用标记

指针式万用表的红表笔接内部电池的负极，黑表笔接内部电池的正极。

如图 2-4 所示，当用指针式万用表判别二极管的极性时，如果测得的阻值较小，则表明为正向电阻值，此时黑表笔所接触的一端为二极管的正极，红表笔所接触的一端为二极管的负极。如果测得的阻值很大，则表明为反向电阻值，此时黑表笔所接触的一端为二极管的负极，红表笔所接触的一端为二极管的正极。

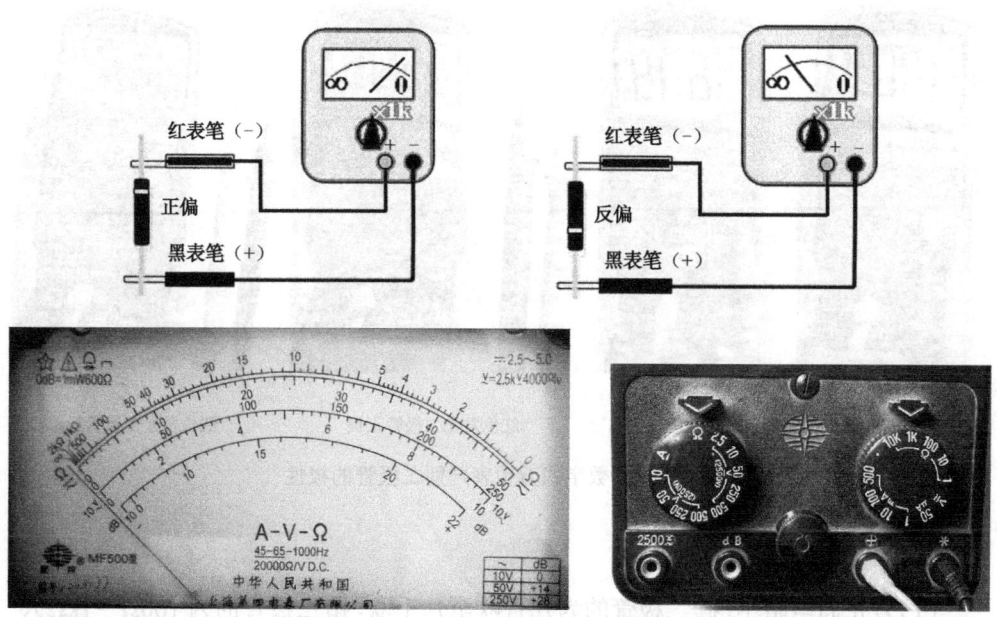

图 2-4　用指针式万用表判断二极管的极性

（3）用数字式万用表判别二极管的极性。

用数字式万用表判别二极管的极性与用指针式万用表判别相反，数字式万用表的红表笔接内部电池的正极，黑表笔接内部电池的负极。

如图 2-5 所示，用数字式万用表的 ▸⊦ 挡进行测量，当 PN 结完好且正偏时，显示值为 PN 结两端的正向压降（200mV～800mV），此时黑表笔所接触的一端为二极管的负极，红表笔所接触的一端为二极管的正极。反偏时，显示"¦"。

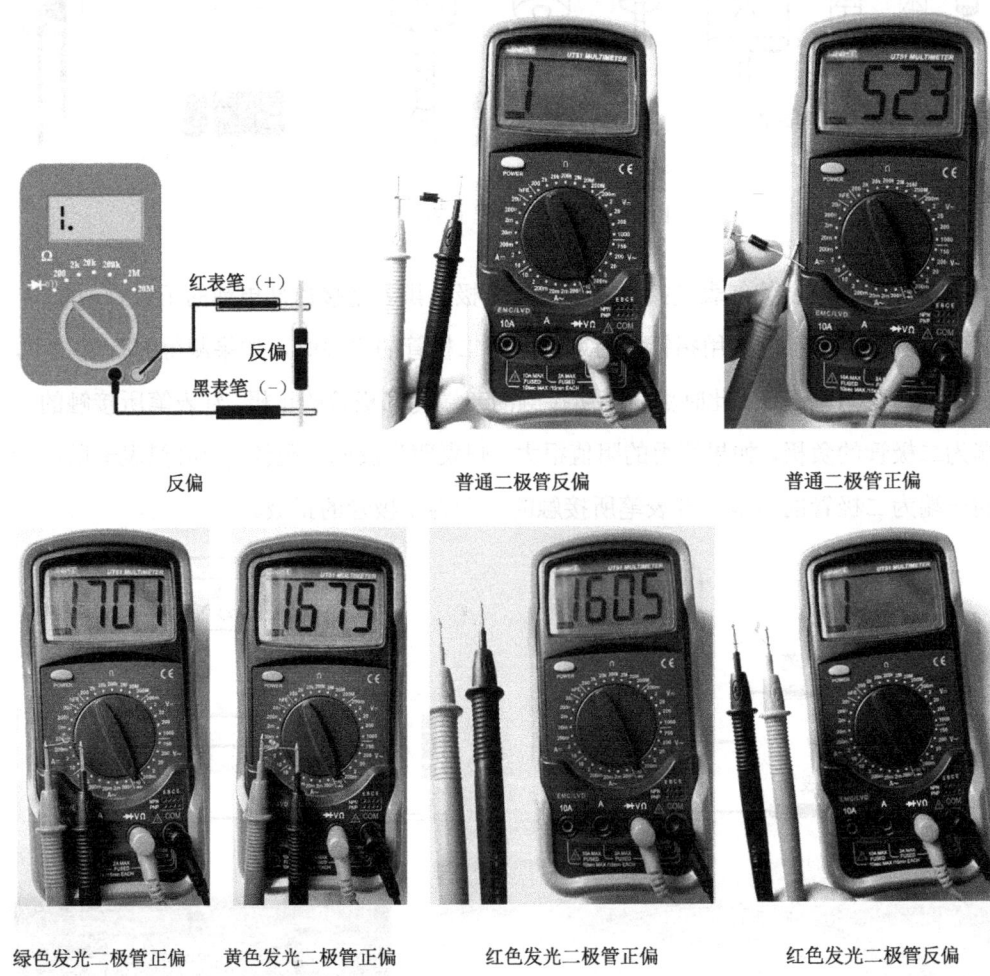

反偏　　　　　　　普通二极管反偏　　　　　　普通二极管正偏

绿色发光二极管正偏　　黄色发光二极管正偏　　红色发光二极管正偏　　红色发光二极管反偏

图 2-5　用数字式万用表判别二极管的极性

2）二极管性能好坏的判别

（1）若正向电阻小（硅二极管的为几百欧至几千欧，锗二极管的为 100Ω～1kΩ）、反向电阻大（几十千欧到上百千欧），则说明二极管性能好。

（2）若正、反向电阻均为无穷大，则说明二极管内部开路，二极管已坏。

（3）若正、反向电阻均为零，则说明二极管内部短路，二极管已坏。

（4）若正、反向电阻差别不大，则说明二极管性能差，不能使用。

3）三极管基（B）极和类型的判别

第 1 步：将数字式万用表调至 ⊶ 挡进行测量，将两个表笔跨接在三极管任意选定的两个引脚上，若显示"¦"（PN 结反偏），则将两个表笔互换；若仍显示"¦"（PN 结反偏），则说明未接触表笔的第 3 个引脚端为 B 极。

第 2 步：将数字式万用表的红表笔（电池正极）接 B 极，黑表笔（电池负极）分别接另外两极，若都显示正向导通电压（PN 结正偏），则可肯定该三极管为 NPN 型三极管；若都显示"¦"（PN 结反偏），则可以改用黑表笔接 B 极，用红表笔分别接另外两极，若都显示正向导通电压（PN 结正偏），则可肯定该三极管为 PNP 型三极管。

用数字式万用表判别三极管的 B 极和类型的示意图如图 2-6 所示。

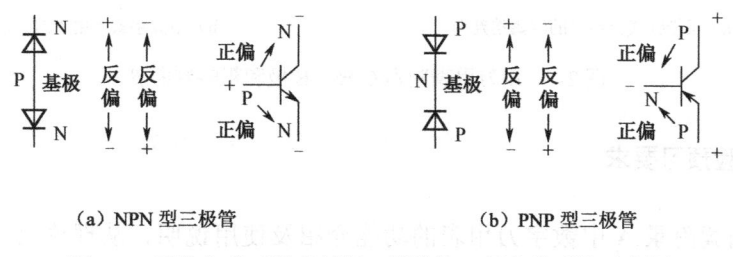

（a）NPN 型三极管　　　　　　　　　　（b）PNP 型三极管

图 2-6　用数字式万用表判别三极管的 B 极和类型的示意图

4）三极管集电（C）极和发射（E）极的判别及放大倍数 β 的粗略判断

（1）用指针式万用表的欧姆挡判别。

三极管应已判别出 B 极和类型。如图 2-7（a）所示，在测量 NPN 型三极管时，令黑表笔接假定的 C 极，红表笔接假定的 E 极。用两根手指分别接触 B 极和假定的 C 极（相当于加入了一个阻值很大的人体电阻，也可直接在假定的 C 极和 B 极之间连一个约 100kΩ 的电阻），此时指针式万用表的指针应有偏转，若指针不动，则说明该三极管几乎无放大能力；将两个表笔对调再测一次，根据三极管的放大原理，其中偏转较大的那次假定正确。偏转越大，说明三极管的放大倍数 β 越大。在测量 PNP 型三极管时，令红表笔接假定的 C 极，黑表笔接假定的 E 极，测量方法与测量 NPN 型三极管的方法一样。

② 用数字式万用表的 h_{FE} 挡判别。

三极管应已判别出 B 极和类型。先假定某一极为 C 极，将三极管插入数字式万用表相应的三极管插孔，得到一个 h_{FE} 值；再按相反的假定测一次。两次测得的值中，一个约为几或零，另一个为几十到 300，较大的值对应的那次假定正确。h_{FE} 越大，

说明放大倍数 β 越大，但不能大于 300，否则说明三极管已损坏。

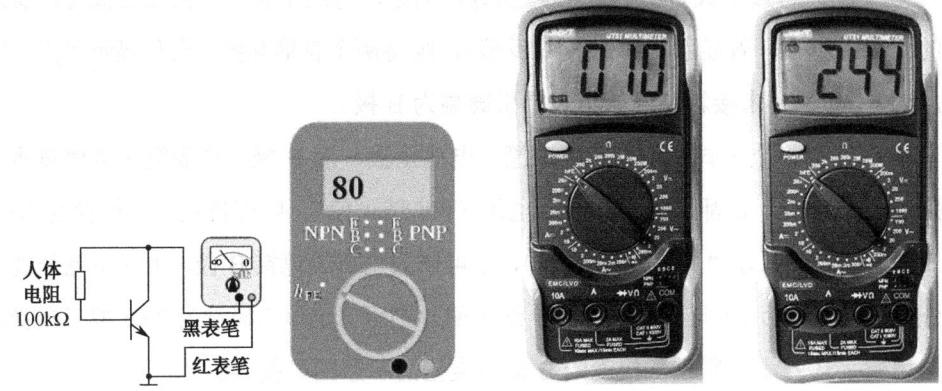

（a）用指针式万用表的欧姆挡判别　　　　（b）用数字式万用表的 h_{FE} 挡判别

图 2-7　用万用表判别 C 极、E 极和粗略判断 β

4．实验预习要求

仔细阅读附录 A 中数字万用表的功能介绍及使用说明，从理论上学习其正确使用方法。

5．实验内容与步骤

（1）二极管的检测与判别。

给定几个二极管，依次判别其极性及性能好坏。

（2）三极管的判别。

给定几个三极管，依次判别其类型、B 极、C 极和 E 极及性能好坏。

（3）发光二极管的应用电路。

将直流可调稳压电源的电压 U_A（0～30V/1A）先调到 0V，关闭电源开关，将 U_A 输出端通过直流电流表接实验台上的发光二极管串联限流电阻电路，用直流电压表测发光二极管两端电压，如图 2-8 所示。打开电源开关，将 U_A 从 0V 逐渐增大，观察发光二极管微弱点亮时的电压 U_A 和此时的电流 I。继续增大 U_A，观察当电流 $I=10mA$ 时对应的 U_A。继续增大 U_A，观察当电流 $I=20mA$ 时对应的 U_A，比较此时发光二极管的亮度与 $I=10mA$ 时是否有所不同。将结果记录入表 2-5。

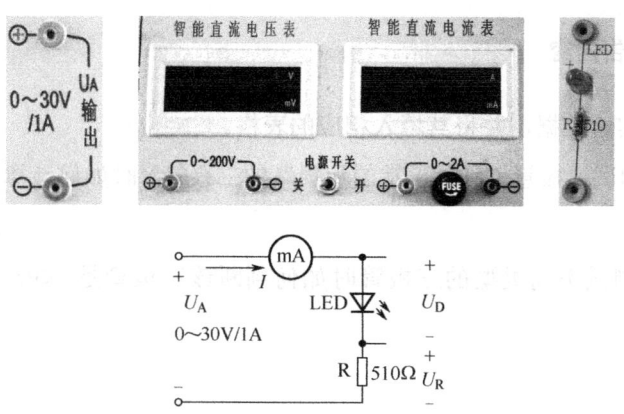

图 2-8　发光二极管的应用电路

表 2-5　发光二极管的应用电路数据记录

参　　数	微弱点亮	点亮 1	点亮 2	点亮 3
U_A				
I			10mA	20mA
U_R				
U_D				

（4）稳压二极管的应用电路。

将直流可调稳压电源的电压 U_A（0～30V/1A）先调到 0V，关闭电源开关，将 U_A 输出端通过串联限流电阻接实验台上的稳压二极管（$U_Z=6.3V$）串联直流电流表电路，用直流电压表测稳压二极管两端电压，如图 2-9 所示。打开电源开关，将 U_A 从 0V 逐渐增大，观察流过稳压二极管的电流 I_Z、稳压二极管两端电压 U 与 U_A 的关系。将结果记录入表 2-6。

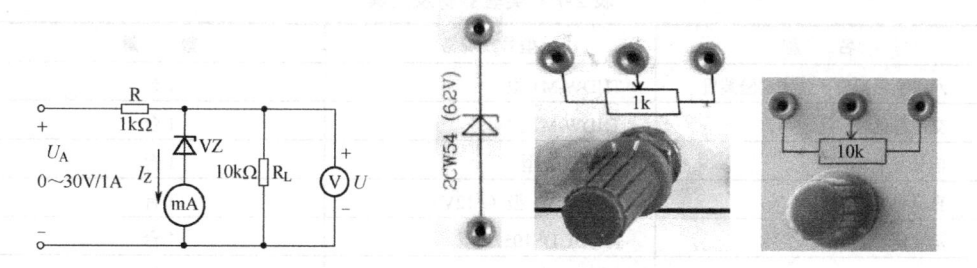

图 2-9　稳压二极管的应用电路

表 2-6　稳压二极管的应用电路数据记录

U_A/V	0	3	6			8	10
I_Z/ mA							
U/V							

6．实验报告内容

（1）整理实验数据，并将其填入相应的表格。

（2）总结测试二极管（包括正常的和损坏的二极管）时如何计算正、反向电阻的粗略阻值。

（3）总结测试不同类型的三极管时如何判断该三极管是 NPN 型的还是 PNP 型的。

2.3　单管共射放大器的调整与测试

1．实验目的

（1）学会调整单管共射放大器静态工作点和测试电压放大倍数的方法。

（2）了解静态工作点对非线性失真和电压放大倍数的影响。

（3）了解负载对非线性失真和电压放大倍数的影响。

（4）了解输入信号对非线性失真和电压放大倍数的影响。

2．实验器材及工具

实验器材及工具如表 2-7 所示。

表 2-7　实验器材及工具

名　　　称	型号或规格	数　　　量
网络型模拟电子技术实验装置	THDW-M1 型	1 台
交流毫伏表	THDW-M1 型	1 台
信号发生器	TH-SG10 型	1 台
直流稳压电源	THDW-M1 型（+12V）	1 台
示波器	RIGOL DS1052E 型	1 台
指针式万用表	MF-500 型	1 只
元器件	各类型号	若干
导线	各类型号	若干

3．实验板及电路原理图

单管共射放大器的实验板与电路原理图如图 2-10 所示。若将 K_1 接通、K_2 断开，则前（Ⅰ）级为典型电阻分压式单管放大器；若将 K_1、K_2 都接通，则前（Ⅰ）级与后（Ⅱ）级接通，组成带有电压串联负反馈的两级放大器。

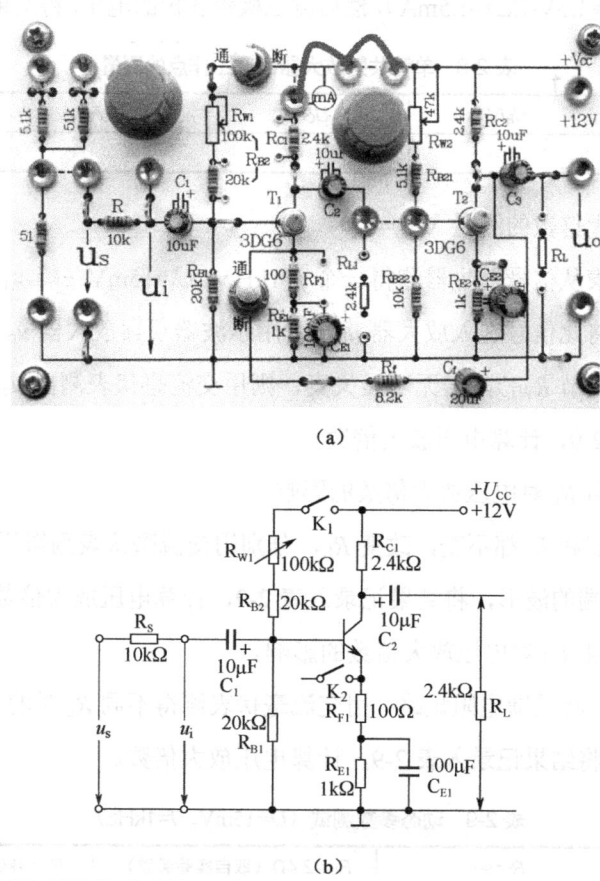

（a）

（b）

图 2-10　单管共射放大器的实验板及电路原理图

4．实验预习要求

（1）自学本书 1.4.2 节中放大电路的调整与测试的相关内容。

（2）使三极管的 β 取值为 100，令 U_E=1.5V，根据实验电路原理图，从理论上计算该电路的静态工作点和电压放大倍数。

5．实验内容与步骤

（1）静态工作点的测量。

将如图 2-10（a）所示的电路板的 K_1 接通、K_2 断开，则前（Ⅰ）级为典型电阻分压式单管放大器。按如图 2-10（b）所示的电路原理图连接好电路。经检查无误后，打开+12V 直流稳压电源的开关，调节 R_{W1}，用万用表的直流电压挡测得 U_E=1.5V（此时 $I_C≈I_E=U_E/1kΩ$= 1.5V/1kΩ=1.5mA），然后测三极管各极的电压，将结果记录入表 2-8。

表2-8　单管共射放大器静态工作点的测量

U_E/V	U_B/V	U_C/V	U_{BE}/V	U_{CE}/V
1.5				

（2）电压放大倍数的测量（R_L=∞）。

用交流毫伏表从信号发生器测得一个 f=1kHz、U_i=15mV（峰-峰值约为 43mV）的正弦波信号，将此信号送入放大器 u_i 端，用示波器观察放大器 u_o 端的波形有无失真（若有失真就调节 R_{W1}），若无明显失真，则用交流毫伏表测出 u_o 端的有效值 U_o，将结果记录入表 2-9，计算电压放大倍数。

（3）负载电阻 R_L 对电压放大倍数的影响。

令静态工作点和 U_i 都不变，改变 R_L，分别用交流毫伏表测得不同 R_L 时的 U_o，用示波器观察 u_o 端的波形，将结果记录入表 2-9，计算电压放大倍数。

（4）反馈电阻 R_{F1} 对电压放大倍数的影响。

接上一步骤，将反馈电阻短路，用交流毫伏表测得不同 R_L 时的 U_o，用示波器观察 u_o 端的波形，将结果记录入表 2-9，计算电压放大倍数。

表2-9　动态参数测试（U_i=15mV，f=1kHz）

电路形式	R_L=∞		R_L=2.4Ω（取自实验装置）		R_L=1kΩ（取自实验装置）	
	U_o	$|A_u|$	U_o	$|A_u|$	U_o	$|A_u|$
反馈电阻不短路						
反馈电阻短路						

（5）R_{W1} 对电压放大倍数的影响（选做）。

令 U_i 不变，用示波器观察 R_{W1} 的变化对电压放大倍数的影响，并判断当 R_{W1} 过大和过小时，是否出现波形失真现象，以及是何种失真。断开直流稳压电源，测出此时 R_{W1} 的值，将结果记录入表 2-10。

（6）输入信号对电压放大倍数的影响（选做）。

反馈电阻不短路，R_L=∞。用示波器观察 U_i 逐渐增大对电压放大倍数的影响，并判断当 U_i 过大时，首先出现的波形失真是何种失真。继续增大 U_i，直至示波器上显示波形双向失真，将结果记录入表 2-10。

表 2-10 信号过大及静态工作点不当引起的失真分析（反馈电阻不短路，$R_L=\infty$）

U_i 大时（R_{W1} 适当）首先出现失真			U_i 过大时（R_{W1} 适当）			R_{W1} 小时（U_i=15mV）	
何种失真	U_i	输出波形形状	何种失真	U_i	输出波形形状	何种失真	输出波形形状
			双向失真				

（7）u_i 端的频率对电压放大倍数的影响（选做）。

U_i 幅度不变（有效值为 15mV），改变其频率，使其从 20Hz 变至 20kHz，用交流毫伏表测量相应的输出电压有何变化，将结果记录入表 2-11。

表 2-11 单管共射放大器幅频特性的测量（U_i=15mV，R_L=1kΩ）

f/Hz	20	50	100	600	1k	2k	10k	20k
U_o/V								

6．实验报告内容

（1）整理实验数据，并将其填入相应的表格，画出波形图，计算 $|A_u|$。

（2）总结影响单管共射放大器电压放大倍数的因素有哪些，以及是如何影响的。

（3）回答思考题：若用万用表的直流电压挡测得的三极管集电极电压接近电源电压，则三极管处于何种工作状态（饱和还是截止）？

2.4 射极输出放大器的调整与测试

1．实验目的

（1）学会调整射极输出放大器（共集电极放大电路）静态工作点和测试电压放大倍数的方法。

（2）学会射极输出放大器输入电阻的测试方法。

（3）学会射极输出放大器输出电阻的测试方法．

（4）了解负载对电压放大倍数的影响。

2．实验器材及工具

实验器材及工具如表 2-12 所示。

表 2-12　实验器材及工具

名　　称	型　　号	数　　量
网络型模拟电子技术实验装置	THDW-M1 型	1 台
交流毫伏表	THDW-M1 型	1 台
信号发生器	TH-SG10 型	1 台
示波器	RIGOL DS1052E 型	1 台
直流稳压电源	THDW-M1 型（＋12V）	1 台
指针式万用表	MF-500 型	1 只
元器件	各类型号	若干
导线	各类型号	若干

3．实验板及电路原理图

射极输出放大器的实验板及电路原理图如图 2-11 所示。

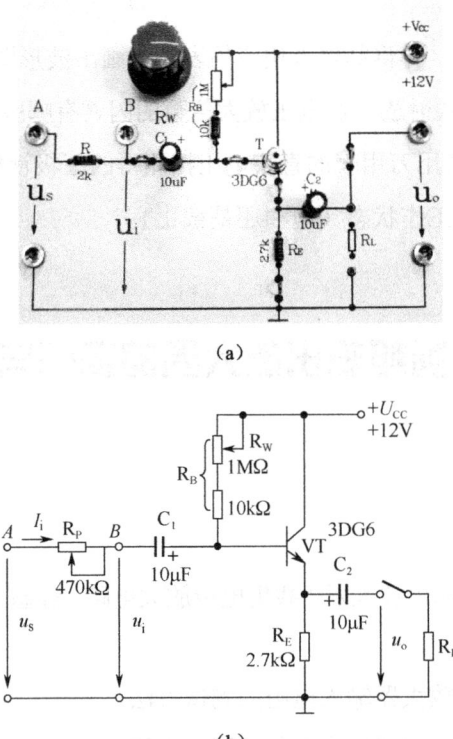

（a）

（b）

图 2-11　射极输出放大器的实验板及电路原理图

4．实验预习要求

使三极管的 β 取值为 100，令 U_E=3V，根据实验电路原理图，从理论上分别计算该电路的静态工作点和 3 个动态指标。

5. 实验内容与步骤

（1）静态工作点的测量。

将如图 2-11（a）所示的实验板接+12V 直流稳压电源，调节 R_W，用万用表的直流电压挡测得 U_E=3V，然后测三极管各极的电压，将结果记录入表 2-13。

表 2-13　射极输出放大器静态工作点的测量

U_E/V	U_B/V	U_C/V	U_{BE}/V	U_{CE}/V	I_E/mA
3					

（2）R_L 对电压放大倍数的影响。

令 $R_L=\infty$，用交流毫伏表从信号发生器测得一个 U_i=200mV、f=1kHz 的正弦波信号，用示波器的通道 1 观察。将此信号送入实验板的 B 点与地之间，用示波器的通道 2 观察射极输出放大器输出端的波形，观察输出波形与输入波形的相位关系。调节 R_W，使波形基本无失真且幅度最大，用交流毫伏表测量输出交流电压，将结果记录入表 2-14，计算电压放大倍数。

再令 $R_L=200\Omega$，重复以上步骤，将测得的结果记录入表 2-14。

表 2-14　R_L 对电压放大倍数的影响（U_i=200mV、f=1kHz）

U_o/ mV（$R_L=\infty$）	U_{oL}/ mV（$R_L=200\Omega$）	$|A_u|$	$|A_{uL}|$	R_o/Ω

（3）用示波器观察当 R_W 变化时输出波形的失真现象（选做）。

令 $R_L=\infty$，调节 R_W，观察 R_W 的变化对电压放大倍数的影响，并判断在 R_W 变大和变小时，是否出现波形失真现象，以及是何种失真，将结果记录入表 2-15。

表 2-15　R_{W1} 变化时输出波形的失真现象（$R_L=\infty$）

R_W 变大		R_W 变小	
何种失真	输出波形	何种失真	输出波形

（4）输入电阻 R_i 的测量及 R_L 对 R_i 的影响。

① 由于实验板中 A 点与 B 点之间的电阻 R=2kΩ 设计不合理，因此放弃使用该电阻。在实验板中 A 点与 B 点之间改接一个取自实验装置的电位器（R_P=470kΩ）。

② 将电路接通+12V 直流稳压电源，使 $R_L=\infty$。

将信号发生器输出的 $U_i=200\text{mV}$、$f=1\text{kHz}$ 的正弦波信号送入实验板的 B 点与地之间，用示波器观察射极输出放大器输出端的波形，调节 R_W，使波形基本无失真且幅度最大，然后用交流毫伏表测量输出电压 u_o 的有效值 U_o。

将信号发生器输出端从 B 点改接到 A 点，调节电位器使 U_o 为接至 B 点时的一半。

③ 断开电源，用万用表的欧姆挡测出 R_P，即输入电阻 R_i 的值，将结果记录入表 2-16。

④ 使 $R_L=200\Omega$，重复以上步骤，将结果记录入表 2-16。

表 2-16　R_i 的测量及 R_L 对 R_i 的影响

负载电阻 R_L/Ω	U_s/mV	U_o/mV（U_i 接 B 点）	U_o/mV（U_i 接 A 点）	$R_i = R_P/\text{k}\Omega$
∞	200			
200	200			

（5）输出电阻 R_o 的计算。

根据表 2-14 中数据，按以下公式计算输出电阻：$R_o = \left(\dfrac{U_o}{U_{oL}} - 1\right) \times R_L$。将结果记录入表 2-14。

6. 实验报告内容

（1）整理实验数据，将其填入相应的表格，并进行相应计算。

（2）说明测量输入电阻和输出电阻的原理。

（3）总结射极输出放大器的特点（电流放大能力、电压放大能力、输入电阻、输出电阻、带负载能力）。

2.5　场效应管放大器的调整与测试

1. 实验目的

（1）了解场效应管放大器的特点。

（2）学会测量场效应管放大器的静态工作点和电压放大倍数。

（3）学会测量场效应管放大器的输入电阻和输出电阻。

2．实验器材及工具

实验器材及工具如表 2-17 所示。

表 2-17　实验器材及工具

名　　　称	型　　　号	数　　　量
网络型模拟电子技术实验装置	THDW-M1 型	1 台
交流毫伏表	THDW-M1 型	1 台
信号发生器	TH-SG10 型	1 台
示波器	RIGOL DS1052E 型	1 台
直流稳压电源	THDW-M1 型（+12V）	1 台
指针式万用表	MF-500 型	1 只
电阻	680kΩ	1 个
电解电容	10μF	1 个
导线	各类型号	若干

3．电路原理图与实验台元件

场效应管放大器的电路原理图与实验台元件如图 2-12 所示。

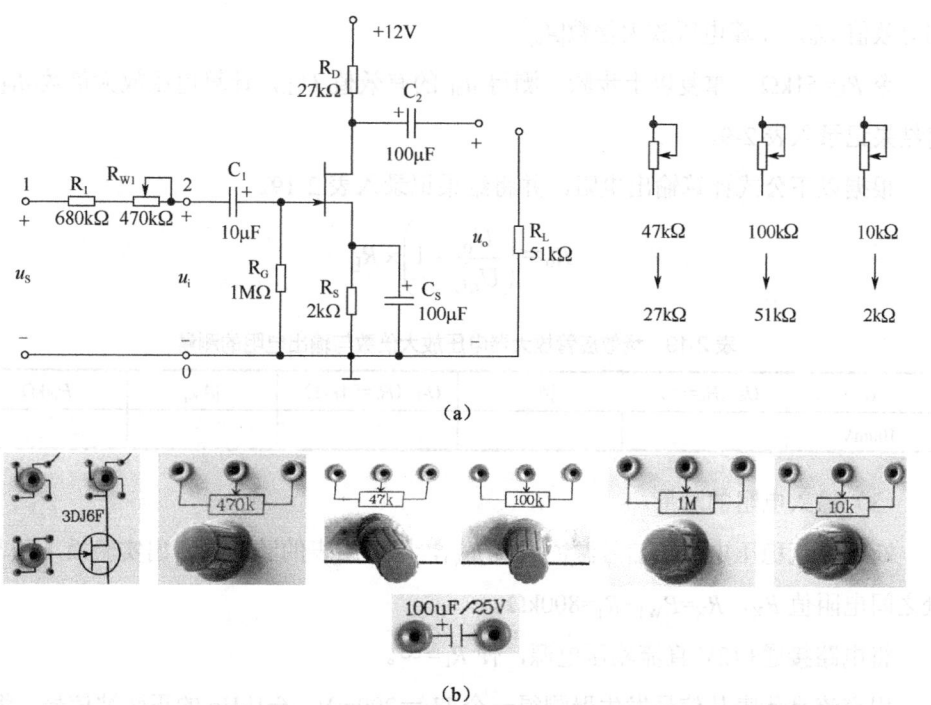

图 2-12　场效应管放大器的电路原理图与实验台元件

4．实验预习要求

复习和整理场效应管放大器的静态参数、动态参数及电路特点的相关内容。

5．实验内容与步骤

（1）静态工作点的测量。

按如图 2-12（a）所示的电路原理图连接电路，其中 2kΩ、27kΩ、51kΩ 的电阻均用实验台上的电位器调出。用万用表的直流电压挡测各极的电压，将结果记录入表 2-18。

表 2-18　场效应管放大器静态工作点的测量

U_G	U_S	U_D	$U_{GS}=U_G-U_S$	$U_{DS}=U_D-U_S$	$I_D=U_{RD}/R_D$

（2）电压放大倍数和输出电阻的测量。

令 $R_L=\infty$，用交流毫伏表从信号发生器测得一个 $U_i=100\text{mV}$、$f=1\text{kHz}$ 的正弦波信号，用示波器的通道 2 观察。将此信号从实验板的 2、0 处加入，用示波器的通道 1 观察 u_o 端的波形，观察输出波形与输入波形的相位关系。然后用交流毫伏表测得 u_o 的有效值 U_o，计算电压放大倍数 $|A_u|$。

令 $R_L=51\text{kΩ}$，重复以上步骤，测得 u_{oL} 的有效值 U_{oL}，计算电压放大倍数 $|A_{uL}|$，将结果记录入表 2-9。

根据以下公式计算输出电阻，并将结果记录入表 2-19。

$$R_o=\left(\frac{U_o}{U_{oL}}-1\right)\times R_L$$

表 2-19　场效应管放大器电压放大倍数与输出电阻的测量

U_i	U_o（$R_L=\infty$）	$|A_u|$	U_{oL}（$R_L=51\text{kΩ}$）	$|A_{uL}|$	$R_o/\text{kΩ}$
100mV					

（3）输入电阻的测量。

断开直流稳压电源和信号源，调节 R_{W1}，用万用表的欧姆挡测出实验板 1 处与 2 处之间电阻值 R_X，$R_X=R_{W1}+R_1=800\text{kΩ}$。

将电路接通+12V 直流稳压电源，使 $R_L=\infty$。

用交流毫伏表从信号发生器测得一个 $U_S=200\text{mV}$、$f=1\text{kHz}$ 的正弦波信号。将此信号送入实验板的 2、0 处，用交流毫伏表测得输出电压 U_{o2}。再将此信号送入实验板的 1、0 处，用交流毫伏表测得输出电压 U_{o1}，将结果记录入表 2-20。

使 $R_L = 51k\Omega$，重复以上步骤，将结果记录入表 2-20。

根据所测得的电压，利用下式计算出输入电阻，并将结果记录入表 2-20。

$$R_i = \frac{U_i}{U_S - U_i} \times R_x = \frac{U_{o1}}{U_{o2} - U_{o1}} \times R_x$$

表 2-20 场效应管放大器输入电阻的测量

R_L	$R_x = R_{W1} + R_1$	U_S	U_{o2}	U_{o1}	R_i
∞	800kΩ	200mV			
51kΩ	800kΩ	200mV			

6. 实验报告内容

（1）整理好各表格，将实测结果填入相应的表格，并进行相应计算。

（2）说明测量输入电阻和输出电阻的原理。

（3）总结场效应管放大器的特点（电流放大能力、电压放大能力、输入电阻、输出电阻、带负载能力）。

（4）回答思考题：3DJ6F 为场效应管，如果 D 极、S 极调换使用，则场效应管放大器还能否正常工作？

2.6 负反馈放大器的调整与测试

1. 实验目的

（1）学会判别负反馈放大器的类型。

（2）理解不同的反馈形式对负反馈放大器输入阻抗和输出阻抗的影响。

（3）学会测量负反馈放大器的输入阻抗和输出阻抗的方法。

2. 实验器材及工具

实验器材及工具如表 2-21 所示。

表 2-21 实验器材及工具

名　　称	型　　号	数　　量
网络型模拟电子技术实验装置	THDW-M1 型	1 台
交流毫伏表	THDW-M1 型	1 台
信号发生器	TH-SG10 型	1 台
示波器	RIGOL DS1052E 型	1 台
直流稳压电源	THDW-M1 型（+12V）	1 台
指针式万用表	MF-500 型	1 只
元器件	各类型号	若干
导线	各类型号	若干

3. 实验板与电路原理图

负反馈放大器的实验板与电路原理图如图 2-13 所示。

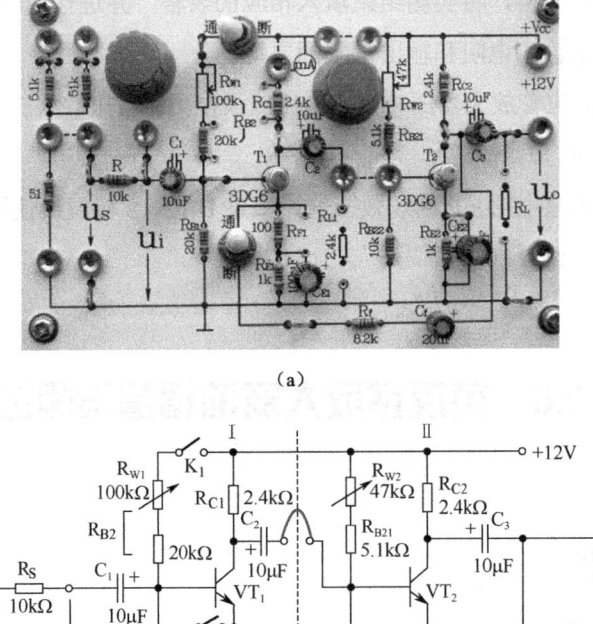

（a）

（b）

图 2-13 负反馈放大器的实验板与电路原理图

4．实验预习要求

复习和整理负反馈放大器的相关理论知识。

5．实验内容与步骤

（1）静态工作点的测量。

按如图 2-13（b）所示的电路原理图连接电路，将开关 K_1、K_2 闭合。经检查无误后，连接+12V 电源，调节 R_{W1} 使 U_{E1}=1.2V；调节 R_{W2} 使 U_{E2}=1.2V，用万用表的直流电压挡测出各极电压，将结果记录入表 2-22。

表 2-22　负反馈放大器静态工作点的测量

U_{E1}	U_{B1}	U_{C1}	U_{CE1}	$I_{C1} \approx U_{E1}/R_{E1}$	U_{E2}	U_{B2}	U_{C2}	U_{CE2}	$I_{C2} \approx U_{E2}/R_{E2}$
1.2V					1.2V				

（2）无负反馈时交流参数的测量。

将电路板中的负反馈支路断开。

① 电压放大倍数 $|A_u|$ 的测量。令 $R_L=\infty$，用交流毫伏表从信号发生器测得一个 U_i=10mV、f=1kHz 的正弦波信号。将此信号送入放大器的 u_s 端，用示波器观察 u_o 端的波形，若无失真，则用交流毫伏表分别测量放大器输入交流电压 u_i 的有效值 U_i、输出交流电压 u_o 的有效值 U_o，算出无负反馈时的电压放大倍数（$|A_u|=U_o/U_i$），将结果记录入表 2-23。

② 输出电阻 R_o 的测量。

将 R_L 连上，即 R_L=2.4kΩ（或 1kΩ），测出 U_{oL} 值，按下面的公式计算出无反馈时的输出电阻，将结果记录入表 2-23。

$$R_o = \left(\frac{U_o}{U_{oL}} - 1 \right) \times R_L$$

③ 输入电阻 R_i 的测量。

根据以上测量数据和下面的公式可计算出无反馈时的输入电阻 R_i：

$$R_i = \frac{U_i}{U_s - U_i} \times R_s = \frac{U_i}{U_s - U_i} \times 10$$

（3）测量电压串联负反馈时的交流参数。

将电路板中负反馈支路接通。

重复第（2）步，测算出电压串联负反馈时的电压放大倍数 $|A_{uf}|$、输出电阻 R_{of} 和

输入电阻 R_{if}，将结果记录入表 2-23。

表 2-23 负反馈放大器动态参数比较

无反馈	U_S	U_i	U_o	U_{oL}	$|A_u|=U_o/U_i$	R_o	R_i
	10mV						
电压串联负反馈	U_S	U_{if}	U_{of}	U_{oLf}	$|A_{uf}|=U_{of}/U_{if}$	R_{of}	R_{if}
	10mV						

6．实验报告内容

（1）整理实验数据，将其填入相应的表格，并进行相应计算。

（2）回答思考题：电压串联负反馈对输入电阻和输出电阻有何影响？

2.7 低频 OTL 功率放大器的调整与测试

1．实验目的

（1）学会测量低频 OTL 功率放大器的放大倍数、输出功率、频率响应的方法。

（2）学会调整与测试低频 OTL 功率放大器的方法。

2．实验器材及工具

实验器材及工具如表 2-24 所示。

表 2-24 实验器材及工具

名　称	型　号	数　量
网络型模拟电子技术实验装置	THDW-M1 型	1 台
交流毫伏表	THDW-M1 型	1 台
信号发生器	TH-SG10 型	1 台
示波器	RIGOL DS1052E 型	1 台
直流稳压电源	THDW-M1 型（+5V）	1 台
指针式万用表	MF-500 型	1 只
智能直流电流表	THDW-M1 型（0～2A）	1 只
音频播放器（如收音机）	不限	1 台
扬声器	8Ω/0.5W	1 个
元器件	各类型号	若干
导线	各类型号	若干

3．实验板及电路原理图

低频 OTL 功率放大器的实验板及电路原理图如图 2-14 所示。

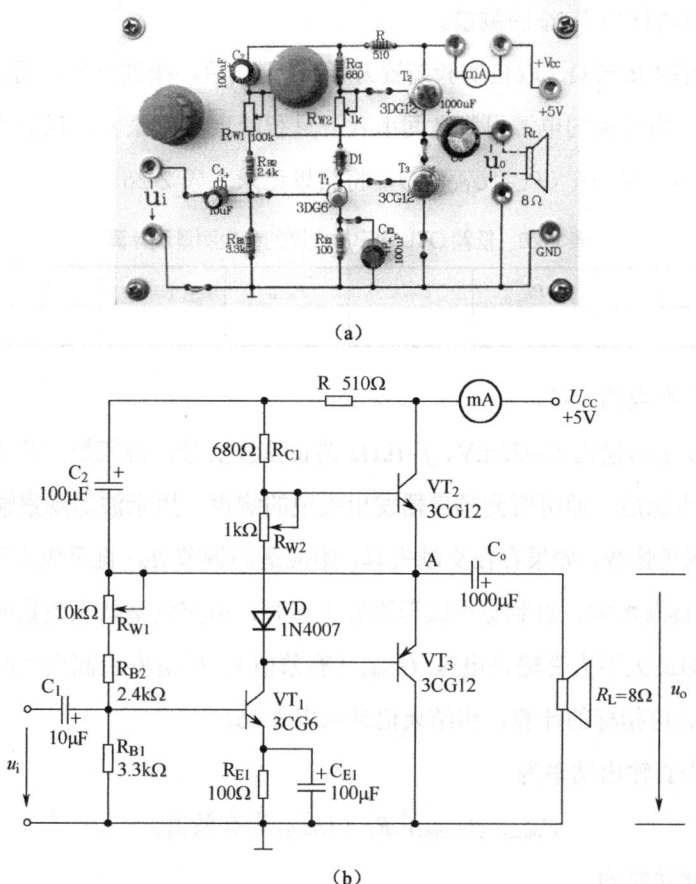

（a）

（b）

图 2-14　低频 OTL 功率放大器的实验板及电路原理图

4．实验预习要求

复习和整理低频 OTL 功率放大器的相关理论知识。

5．实验内容与步骤

（1）静态工作点的测量。

按如图 2-14（b）所示的电路原理图连接电路，调节 R_{W1} 使中点电位 $U_{E2}=U_{E3}=2.5V$；调节 R_{W2} 使毫安表示值为 10mA，用万用表的直流电压挡测出各极的电压，将结果记录入表 2-25。

表 2-25　低频 OTL 功率放大器静态工作点的测量

U_{B1}	U_{C1}	U_{E1}	U_{B2}	U_{C2}	U_{E2}	U_{B3}	U_{C3}	U_{E3}
					2.5V			2.5V

（2）静态消耗功率 P_E 的测量。

令扬声器的 $R_L=8\Omega$（取自实验装置），经查无误后，接通+5V 电源，使 $u_i=0V$，在+5V 电源与电路板的电源引脚之间串入一只智能直流电流表，观察并读出电流值 I_E，计算出静态功耗 P_E（$P_E=U_{CC}\times I_E$），将结果记录入表 2-26。

表 2-26　低频 OTL 功率放大器的参数测量及计算

U_{CC}	I_E	P_E	U_{omax}	P_{omax}	I_{DC}	P_{DC}	η
+5V							

（3）动态参数的测量。

令信号发生器输出 $U_i=20mV$、$f=1kHz$ 的正弦波信号，将其加到放大器的输入端并接通+5V 电源后，即可听到扬声器发出尖锐的响声。用示波器观察输出电压的波形，应观察到正弦波，如果存在交越失真，则应适当调节 R_{W2} 直至失真消除。将输入信号电压 U_i 逐渐增大，直到输出波形刚好失真时，用交流毫伏表测量此时输出信号的电压值，即最大不失真输出电压 U_{omax}（有效值）。用毫安表测出此时的电源电流 I_{DC}，并进行相应指标的计算，将结果记录入表 2-26。

最大不失真输出功率为

$$P_{omax}=(U_{omax})^2/R_L\ （U_{omax}\text{ 为有效值}）$$

电源消耗功率为

$$P_{DC}=U_{CC}\times I_{DC}$$

效率为

$$\eta=P_{omax}/P_{DC}\times100\%$$

（4）观察低频 OTL 功率放大器的交越失真现象（选做）。

接上一步，令信号发生器输出 $U_i=20mV$ 的正弦波信号，将该信号接至实验板，用示波器观察输出电压的波形。调节 R_{W2} 直至输出电压出现交越失真现象。如果失真不明显，则将二极管用导线短接，即可出现非常明显的交越失真现象。

（5）观察低频 OTL 功率放大器的幅频特性（选做）。

接上一步，将短接二极管的导线去除，调节 R_{W2} 直至输出电压无失真。

调节信号发生器输出正弦波信号的频率，使频率分别约为 20Hz、100Hz、1kHz、

10kHz、30kHz，分辨扬声器发出的声音有何变化，用示波器观察到的输出电压的波形有何变化，用交流毫伏表测得的相应输出信号的电压值 U_o（有效值）有何变化。自行设计记录表格并加以记录。

（6）低频 OTL 功率放大器效果感受（选做）。

将音频播放器（如收音机）的输出信号接到低频 OTL 功率放大器的输入端，听扬声器声音如何变化，是否悦耳，并通过示波器观察此时输出信号的波形。

6. 实验报告内容

（1）整理实验数据，将其填入相应的表格，并进行相应计算。

（2）回答思考题：本电路属于何种类型的功率放大电路？

（3）回答思考题：为何功率放大器长时间不使用时应关机？

2.8 整流滤波电路的调整与测试

1. 实验目的

（1）观察单相半波整流滤波电路和桥式全波整流滤波电路的输入、输出波形，了解其输入、输出电压的关系。

（2）观察电容的滤波作用，了解电容、负载对整流输出电压的影响。

2. 实验器材及工具

实验器材及工具如表 2-27 所示。

表 2-27　实验器材及工具

名　称	型　号	数　量
网络型模拟电子技术实验装置	THDW-M1 型	1 台
示波器	RIGOL DS1052E 型	1 台
指针式万用表	MF-500 型	1 只
元器件	各类型号	若干
导线	各类型号	若干

3．电路原理图

单相半波整流滤波电路和桥式全波整流滤波电路分别如图 2-15 和图 2-16 所示。

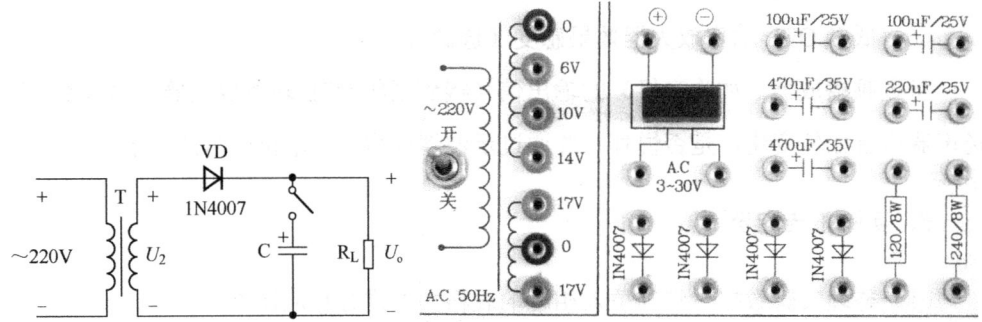

图 2-15　单相半波整流滤波电路

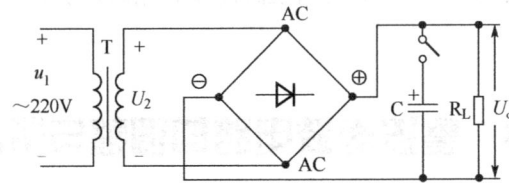

图 2-16　桥式全波整流滤波电路

4．实验预习要求

复习和整理单相半波整流电路、桥式全波整流电路及其滤波电路的相关内容。在 THDW-M1 型配套元器件中找到完成本次实验所需的元器件。

5．实验内容与步骤

（1）单相半波整流电路的参数测试。

按照图 2-15 连接电路（先不连电容），U_2=10V，经检查无误后通电，用万用表的直流电压挡测出 R_L 不同时的 U_o，用示波器观察波形，并把结果记录入表 2-28。

⚠️ **警告**：连上电容后 R_L 不可开路，否则会因流过大电流而损坏电容。

（2）单相半波整流滤波电路的参数测试。

接上一步，分别连上不同电容（注意电解电容极性不能接反），用万用表的直流电压挡测出 R_L 不同时的 U_o，用示波器观察波形，并把结果记录入表 2-28。

表 2-28 单相半波整流电路及其滤波电路的参数测试

电 容	U_o/V		波形图
	R_L=240Ω	R_L=120Ω	
不连电容			
C_1=100μF			
C_2=220μF			
C_3=470μF			

（3）桥式全波整流电路的参数测试。

按照图 2-16 连接电路（先不连电容），U_2=10V，4 个二极管可以用全桥堆代替。经检查无误后通电，用万用表的直流电压挡测出 R_L 不同时的 U_o，用示波器观察波形，并把结果记录入表 2-29。

（4）桥式全波整流滤波电路。

接上一步，分别连上不同电容，用万用表的直流电压挡测出 R_L 不同时的 U_o，用示波器观察波形，并把结果记录入表 2-29。

表 2-29 桥式全波整流滤波电路参数测试

电 容	U_o/V		波形图
	R_L=240Ω	R_L=120Ω	
不连电容			
C_1=100μF			
C_2=220μF			
C_3=470μF			

6．实验报告内容

（1）整理实验数据，并将其填入相应的表格。

（2）分析不同负载和电容对输出电压的影响有何不同。

2.9 三端集成直流稳压电源的调整与测试

1．实验目的

（1）熟悉三端集成直流稳压电源的工作原理。

（2）学会调整电压及测量电源内阻的方法。

2．实验器材及工具

实验器材及工具如表 2-30 所示。

表 2-30　实验器材及工具

名　　　称	型　　　号	数　　　量
网络型模拟电子技术实验装置	THDW-M1 型	1 台
示波器	RIGOL DS1052E 型	1 台
指针式万用表	MF-500 型	1 只
智能直流电流表	THDW-M1 型（0～2A）	1 只
元器件	各类型号	若干
导线	各类型号	若干

3．电路原理图

三端集成直流稳压电源的电路原理图如图 2-17 所示。

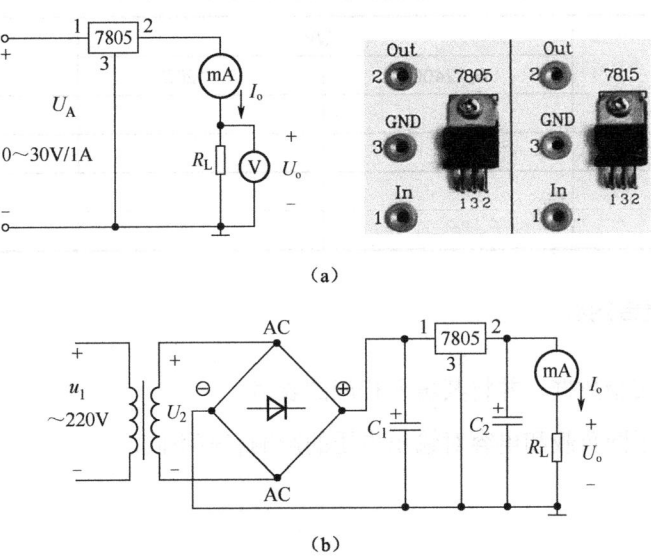

（a）

（b）

图 2-17　三端集成直流稳压电源的电路原理图

4．实验预习要求

复习和整理三端集成直流稳压电源的相关理论知识。三端集成稳压器 LM7805 有 3 个端子，"1" 是不稳定的直流输入端，"3" 是输入和输出的公共端，"2" 是稳定的直流输出端。LM7805 的内部电路除有基准电源、取样比较器和调整管以外，还具有过流保护和过热保护部分，结构简单，调整方便。

5. 实验内容与步骤

（1）调整管最小电压降的测量。

按如图 2-17（a）所示的电路原理图连接好电路，检查无误后，连接负载（R_L=120Ω），将实验台上直流稳压可调电源的电压从 0V 逐渐增大，测出当输出 U_o=5V 时对应的最小 U_A。可求出调整管的最小电压降。

（2）电压调整率的测量。

按如图 2-17（b）所示的电路原理图连接好电路，令 C_1=C_2=100μF，检查无误后，连接负载（R_L=120Ω），将实验台上变压器的次级电压 U_2 依次选择为 6V、10V、14V、17V，测出相应的 U_o，按下式计算电压调整率 S_n，并将结果记录入表 2-31。

$$S_n=(\Delta U_o/U_o)/(\Delta U_2\, U_2)$$

表 2-31　电压调整率的测量（R_L=120Ω）

U_2	6V	10V	14V	17V
U_o				
S_n				

（3）稳压电源内阻的测量。

按如图 2-17（b）所示的电路原理图连接好电路，令 U_2=10V，改变 R_L 读出不同的 I_o，测出相应的 U_o，按下式计算稳压电源内阻 R_n，将结果记录入表 2-32.

$$R_n=\Delta U_o/\Delta I_o$$

表 2-32　稳压电源的内阻 R_n（U_2=10V）

R_L/Ω	240	120
I_o/mA		
U_o/V		
R_n/Ω		

（4）将 7805 换成 7815，重复步骤（1）、（2）、（3）。

为了保证稳压效果，有必要适当增大 U_2 的值。

6．实验报告内容

（1）整理实验数据，将其填入相应的表格，并进行相应计算。

（2）回答思考题：针对如图 2-17（b）所示的电路原理图，如果在实验中测出 U_2 等于 U_o，此时可能是哪个元器件坏了？

2.10 集成运算放大器的线性应用

1．实验目的

（1）熟悉集成运算放大器的基本运算电路。

（2）熟悉集成运算放大器电压放大倍数的测试方法。

2．实验器材及工具

实验器材及工具如表 2-33 所示。

表 2-33 实验器材及工具

名　　　称	型　　　号	数　　量
网络型模拟电子技术实验装置	THDW-M1 型	1 台
交流毫伏表	THDW-M1 型	1 台
直流稳压电源	THDW-M1 型（±12V）	1 台
指针式万用表	MF-500 型	1 只
集成运算放大器	μA741	1 个
电解电容	10μF	1 个
导线	各类型号	若干

3．电路原理图

反相比例运算电路原理图和直流同相比例运算电路原理图分别如图 2-18 和图 2-19 所示。

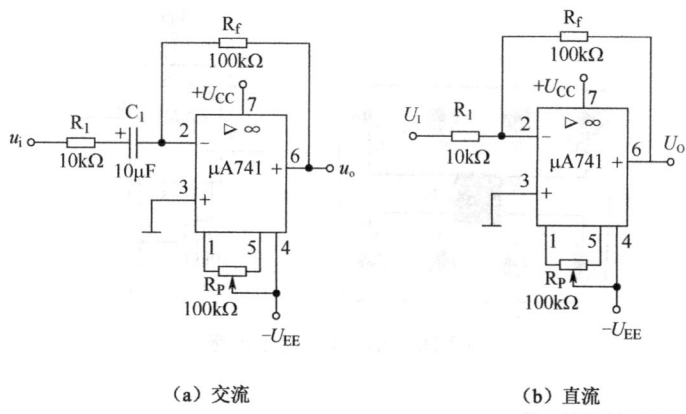

（a）交流　　　　　　　　　（b）直流

图 2-18　反相比例运算电路原理图

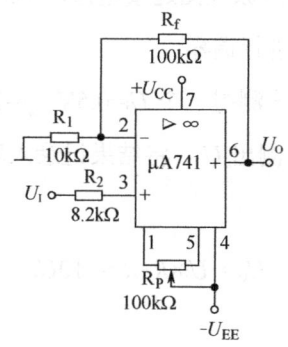

图 2-19　直流同相比例运算电路原理图

4. 实验预习要求

复习和整理集成运算放大器的相关理论知识，自学附录 B.4 中的相关内容。

5. 实验内容与步骤

（1）调零。

对于本次实验，在每个实验电路工作之前都需要对集成运算放大器进行调零。μA741 及调零电路如图 2-20 所示，调零方法如下。

连好线路，经检查无误后，将±12V 电源接到集成运算放大器的电源端（正电源负极接地，负电源正极接地）。

令 U_i 对地短接，即使 U_i=0V，调引脚 1 和引脚 5 之间的调零电位器，用万用表的直流电压挡监测使 U_o=0。

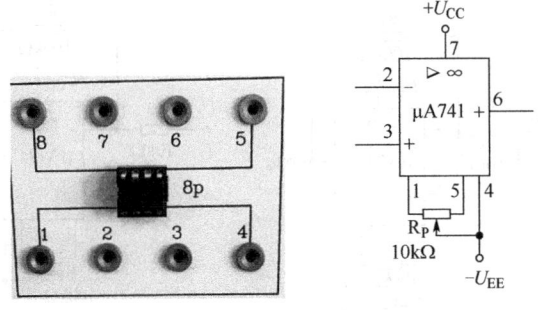

图 2-20　μA741 及调零电路

（2）交流反相比例运算。

按如图 2-18（a）所示的电路原理图连接电路，经检查无误后，将±12V 电源接到集成运算放大器的电源端，并进行调零。

用交流毫伏表从信号发生器测得一个 U_i=0.5V、f=100Hz 的正弦波信号，将该信号由 R_1 处加入，用交流毫伏表测出 U_o，将结果记录入表 2-34，检查其是否满足以下公式：

$$U_o=-U_i \times R_f/R_1=-10U_i$$

（3）直流反相比例运算。

按如图 2-18（b）所示的电路原理图连接电路，经检查无误后，将±12V 电源接到集成运算放大器的电源端，并进行调零。

从实验台上的直流稳压电源（可调输出电源 0~30V）处取电压作为 U_I，用万用表的直流电压挡监测，调节"U_A 输出调节"，使 U_I=0.5V，由反相端输入，用万用表的直流电压挡测量 U_O，将结果记录入表 2-34，检查其是否满足以下公式：

$$U_O=-U_I R_f/R_1=-10U_I$$

（4）直流同相比例运算。

按如图 2-19 所示的电路原理图连接电路，经检查无误后，将±12V 电源接到集成运算放大器的电源端，并进行调零。

从实验台上的直流稳压电源（可调输出电源 0~30V）处取电压作为 U_I，用万用表的直流电压挡监测，调节"U_A 输出调节"，使 U_I=0.5V，由同相端输入，用万用表的直流电压挡测量 U_O，将结果记录入表 2-34，检查其是否满足以下公式：

$$U_O=U_I(1+R_f/R_3)=11U_I$$

表 2-34　集成运算放大器线性应用参数的测试

运 算 关 系	输 入 值	输出理论值	输出实测值
交流反相比例运算	$U_i=$	$U_o=$	$U_o=$
直流反相比例运算	$U_i=$	$U_o=$	$U_o=$
直流同相比例运算	$U_i=$	$U_o=$	$U_o=$

6. 实验报告内容

（1）整理各项实验数据，对实测值和理论值进行比较。

（2）分析实测值和理论值产生误差的原因，并谈谈自己的体会。

2.11　差动放大器的调整与测试

1. 实验目的

（1）加深对差动放大器性能及特点的理解。

（2）学习差动放大器主要性能指标的测试方法。

2. 实验器材及工具

实验器材及工具如表 2-35 所示。

表 2-35　实验器材及工具

名　　称	型号或规格	数　　量
网络型模拟电子技术实验装置	THDW-M1 型	1 台
交流毫伏表	THDW-M1 型	1 台
信号发生器	TH-SG10 型	1 台
直流稳压电源	THDW-M1 型（+12V）	1 台
示波器	RIGOL DS1052E 型	1 台
指针式万用表	MF-500 型	1 只
元器件	各类型号	若干
导线	各类型号	若干

3. 电路原理图

差动放大器的实验板及电路原理图如图 2-21 所示。

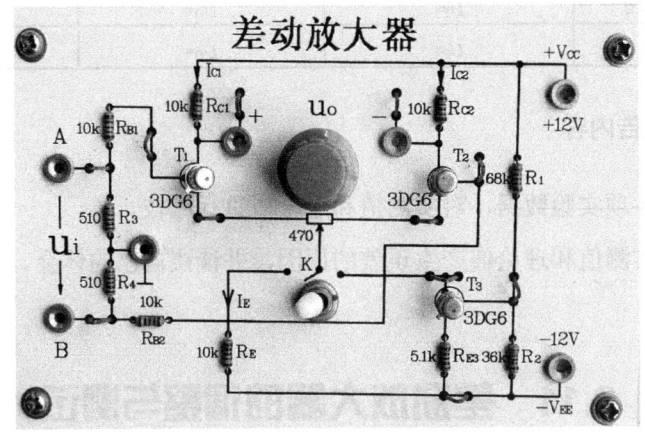

（a）

（b）

图 2-21　差动放大器的实验板及电路原理图

4. 实验预习要求

（1）根据实验电路参数，估算典型差动放大器和具有恒流源的差动放大器的静态工作点及差模电压放大倍数（取 $\beta_1 = \beta_2 = 100$）。

（2）思考当测量静态工作点时，差动放大器 A 端、B 端与地应如何连接。

（3）思考在实验中怎样获得双端和单端输入差模信号、怎样获得共模信号。画出 A 端、B 端与信号源之间的连接图。

（4）思考怎样测量静态工作点，用什么仪表测 u_o 的有效值 U_o。

（5）思考怎样用交流毫伏表测双端输出电压 u_o 的有效值 U_o。

5. 实验原理

如图 2-21（b）所示，差动放大器的电路原理图由两个参数相同的基本共射放大电路组成。当开关 K 拨向左边时，构成典型差动放大器。调零电位器用来调节 VT_1、VT_2 的静态工作点，使得当 u_i 的有效值 $U_i = 0$ 时，双端输出电压 u_o 的有效值 $U_o = 0$。R_E 为 VT_1 和 VT_2 共用的发射极电阻，它对差模信号无负反馈作用，因而不影响差模电压放大倍数，但对共模信号有较强的负反馈作用，故可以有效地抑制零漂，稳定静态工作点。

当开关 K 拨向右边时，构成具有恒流源的差动放大器。它用晶体管恒流源代替发射极电阻 R_E，可以进一步提高差动放大器抑制共模信号的能力。

（1）静态工作点的估算。

在典型差动放大器中有

$$I_E \approx \frac{|U_{EE}| - U_{BE}}{R_E} \quad （认为 U_{B1} = U_{B2} \approx 0），\quad I_{C1} = I_{C2} = \frac{1}{2} I_E$$

在具有恒流源的差动放大器中有

$$I_{C3} \approx I_{E3} \approx \frac{\dfrac{R_2}{R_1 + R_2}(U_{CC} + |U_{EE}|) - U_{BE}}{R_{E3}}, \quad I_{C1} = I_{C1} = \frac{1}{2} I_{C3}$$

（2）差模电压放大倍数和共模电压放大倍数的测量。

当差动放大器的 R_E 足够大，或采用恒流源电路时，差模电压放大倍数由输出方式决定，而与输入方式无关。

双端输出（$R_E = \infty$，R_P 在中心位置）：

$$A_d = \frac{\Delta U_o}{\Delta U_i} = -\frac{\beta R_C}{R_B + r_{be} + \frac{1}{2}(1 + \beta)R_P}$$

单端输出：

$$A_{d1} = \frac{\Delta U_{C1}}{\Delta U_i} = \frac{1}{2} A_d, \quad A_{d2} = \frac{\Delta U_{C2}}{\Delta U_i} = -\frac{1}{2} A_d$$

当输入共模信号时，若为单端输出，则有

$$A_{c1} = A_{c2} = \frac{\Delta U_{C1}}{\Delta U_i} = \frac{-\beta R_C}{R_B + r_{be} + (1+\beta)\left(\frac{1}{2}R_P + 2R_E\right)} \approx -\frac{R_C}{2R_E}$$

若为双端输出，则在理想情况下有

$$A_c = \frac{\Delta U_o}{\Delta U_i} = 0$$

实际上，由于元器件不可能完全对称，所以 A_c 也不会绝对等于零。

（3）共模抑制比（CMRR）。

通常用一个综合指标来衡量差动放大器对有用信号（差模信号）的放大作用和对共模信号的抑制能力，即共模抑制比：

$$\mathrm{CMRR} = \left|\frac{A_d}{A_c}\right| \text{ 或 } \mathrm{CMRR} = 20\lg\left|\frac{A_d}{A_c}\right|$$

差动放大器的输入信号可采用直流信号也可采用交流信号。本实验将由信号发生器提供的 $f=1\mathrm{kHz}$ 的正弦信号作为输入信号。

6. 实验内容与步骤

（1）典型差动放大器性能的测试。

按如图 2-21（b）所示的电路原理图连接电路，将开关 K 拨向左边，构成典型差动放大器。

① 测量静态工作点。

a. 调节差动放大器零点。信号源不接入。将差动放大器的 A 端、B 端与地短接，接通 $\pm 12\mathrm{V}$ 直流稳压电源，用直流电压表测量输出电压 u_o 的有效值 U_o，调节调零电位器，使 $U_o=0$。调节时要仔细，力求准确。

b. 测量静态工作点。调好零点以后，用直流电压表测量 VT_1、VT_2 各电极电位及 R_E 两端电压 U_{RE}，记录入表 2-36。

表 2-36　差动放大器静态工作点的测量

测量值	U_{C1}/V	U_B/V	U_{E1}/V	U_{C2}/V	U_{B2}/V	U_{E2}/V	U_{RE}/V
计算值	I_C/mA			I_B/mA		U_{CE}/V	

（2）差模电压放大倍数的测量。

断开直流稳压电源，将差动放大器的 A 端接信号发生器的输出端，B 端接地，构成单端输入方式，调节输入信号使其为 $f=1\text{kHz}$ 的正弦波信号，并将输出旋钮旋至零，用示波器监测输出端（集电极与地之间）。

接通直流稳压电源，逐渐增大 U_i（约 100mV），在输出波形无失真的情况下，用交流毫伏表测出 U_i、U_{C1}、U_{C2}，记录入表 2-37，并观察 u_i、u_{C1}、u_{C2} 之间的相位关系及 U_{RE} 随 U_i 改变而变化的情况。

（3）共模电压放大倍数的测量。

将差动放大器的 A 端、B 端短接，信号源接至 A 端与地之间，构成共模输入方式，调节输入信号，使 $f=1\text{kHz}$、$U_i=1\text{V}$，在输出电压无失真的情况下，测量 U_{C1}、U_{C2} 之值，记录入表 2-37，并观察 u_i、u_{C1}、u_{C2} 之间的相位关系及 U_{RE} 随 U_i 改变而变化的情况。

（4）具有恒流源的差动放大电路性能测试。

将图 2-21（a）中的开关 K 拨向右边，构成具有恒流源的差动放大电路。重复步骤（2）、（3），将测得的数据记录入表 2-37。

表 2-37　差动放大器动态参数测量

参　　数	典型差动放大电路		具有恒流源的差动放大电路	
	单端输入	共模输入	单端输入	共模输入
U_i	100mV	1V	100mV	1V
U_{C1}/V				
U_{C2}/V				
$A_{d1}=\dfrac{U_{C1}}{U_i}$		—		—
$A_d=\dfrac{U_o}{U_i}$		—		—
$A_{c1}=\dfrac{U_{C1}}{U_i}$	—		—	
$A_c=\dfrac{U_o}{U_i}$	—		—	
$\text{CMRR}=\left\lvert\dfrac{A_{d1}}{A_{c1}}\right\rvert$				

6．实验报告内容

（1）整理实验数据，并将其填入相应的表格。将实测值和理论值进行比较，分析误差原因。

    ① 比较静态工作点和差模电压放大倍数的实测值和理论值。

    ② 比较典型差动放大器单端输出时 CMRR 的实测值与理论值。

    ③ 比较典型差动放大器单端输出时 CMRR 的实测值与具有恒流源的差动放大器 CMRR 的实测值。

（2）比较 u_i、u_{C1} 和 u_{C2} 之间的相位关系。

（3）根据实验结果，总结 R_E 和恒流源的作用。

第3章

模拟电子技术综合实训项目

本章重点

（1）音频功率放大器的设计、制作与调试。

（2）直流稳压电源的设计、制作与调试。

3.1 音频功率放大器的设计、制作与调试任务书

3.1.1 能力目标

（1）具备识别、检测和正确选用常用元器件的能力。

（2）熟悉元器件手册，掌握查阅元器件手册的方法。

（3）掌握正确使用万用表、直流稳压电源、信号发生器、示波器、交流毫伏表等常用仪器仪表、设备，以及电烙铁、镊子、螺丝刀等工具的方法。

（4）具备典型音频功率放大器的分析和初步设计能力。

（5）具备阅读典型音频功率放大器电路原理图的能力。

（6）具备音频功率放大器的设计、制作、调试及排除一般电路故障的能力。

（7）具备电子产品说明书的阅读和理解能力。

（8）提高综合运用理论知识解决实际问题的能力。学生应能通过电路分析、设计、安装、调试等环节，初步掌握电子产品设计、制作、调试的一般程序和方法。

（9）养成严谨、细致、求实的学习作风，认真负责的学习态度，以及良好的职业道德素养，提高安全意识。

3.1.2 技术指标、功能要求和设计任务

1. 技术指标和功能要求

（1）用集成功率放大器（LM386）设计一个音频功率放大器。

（2）输入 1kHz、10mV 左右的音频信号，扬声器中应有声音发出，且声音的强弱可调节。

2. 设计任务

（1）根据技术指标和功能要求初选电路，采用 LM386 完成电路设计。

（2）在万能板上焊接电路。

（3）调试音频功率放大器。

（4）排除可能产生的故障。

（5）分析实验结果，撰写技术报告（综合实训总结报告）。

3.1.3　时间安排建议

建议实训时间为 20 学时，以下给出各环节的时间安排建议。

（1）电路设计，确定设计方案——8 学时。

要求画出电路原理图，列出所需元器件清单。按照元器件清单领取元器件，根据元器件外形设计装配图。

（2）音频功率放大器的装配与焊接——6 学时。

检测元器件功能的好坏，根据设计的电路原理图进行音频功率放大器的装配与焊接。

（3）音频功率放大器的调试——4 学时。

对音频功率放大器进行调试，使其达到功能要求。若在调试过程中出现故障，则需要认真分析，查找故障原因并排除故障。

（4）总结及交流——2 学时。

对实训项目进行总结，学生之间可交流经验、体会、遇到的问题及解决问题的方法、建议等。撰写综合实训总结报告。

3.1.4　成绩评定方法

（1）平时表现（主要是考勤及行为规范）——20%

（2）音频功率放大器的设计、装配、焊接——30%

（3）音频功率放大器的调试——30%

（4）综合实训总结报告——20%

3.1.5 综合实训总结报告的标准格式

封面——题目、姓名等信息

目录

一、设计任务书及主要技术要求

二、音频功率放大器的电路原理图、原理说明及装配图

三、音频功率放大器的制作、调试过程及结果分析

四、遇到的问题及解决问题的方法

五、收获、体会

六、意见、建议

七、附录

（1）元器件清单列表，包括名称（如电阻、电容、集成电路等）、型号或数值、数量、备注等。

（2）主要参考资料。

3.2 音频功率放大器的设计、制作与调试指导书

3.2.1 音频功率放大器的设计

1. LM386 简介

LM386 是一种集成功率放大器，具有自身功耗低、电压增益可调整、电源电压范围大、外接元器件少和总谐波失真小等优点，广泛应用于收音机、对讲机和信号发生器。LM386 采用 8 引脚双列直插式塑料封装，其外形及引脚排列如图 3-1 所示，其引脚的功能如表 3-1 所示。LM386-4 的典型应用参数：直流稳压电源电压范围为 5～18V，电源电压为 6V 时的静态工作电流为 4mA，电源电压为 16V、负载电阻为 32Ω 时的输出功率为 1W，带宽为 300kHz（1 号引脚和 8 号引脚开路时），输入阻抗为 50kΩ。

（a）LM386 的外形

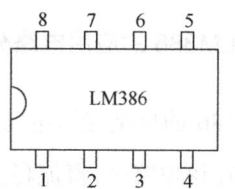

（b）LM386 的引脚排列

图 3-1 LM386 的外形及引脚排列

表 3-1 LM386 的引脚的功能

引 脚 号	1	2	3	4	5	6	7	8
功 能	增益设定	反相输入	同相输入	接地	输出	电源	旁路电容	增益设定

LM386 的内部电路如图 3-2 所示，该电路由输入级、中间级和输出级构成。输入级为差分放大电路。信号从 VT_1 和 VT_6 的基极输入，VT_1 和 VT_6 构成射极输出器，用于提高输入电阻，R_1、R_7 为偏置电阻，VT_2 和 VT_4 构成双端输入、单端输出的差分放大电路，VT_3 和 VT_5 构成镜像电流源，作为 VT_2 和 VT_4 的有源负载，信号从 VT_4 的集电极输出，R_4、R_5 是差分放大电路的发射极负反馈电阻。中间级为共射极放大电路，由 VT_7 和恒流源负载构成，是 LM386 的主要增益级。输出级为由 VT_8 和 VT_{10} 复合等效而成的 PNP 型三极管与 VT_9 构成的准互补对称功率放大电路，VD_1、VD_2 为 VT_8、VT_9 提供静态偏置电压，以消除交越失真。R_6 是级间反馈电阻，与 R_4、R_5 构成反馈网络，引入电压串联负反馈，稳定输出电压。

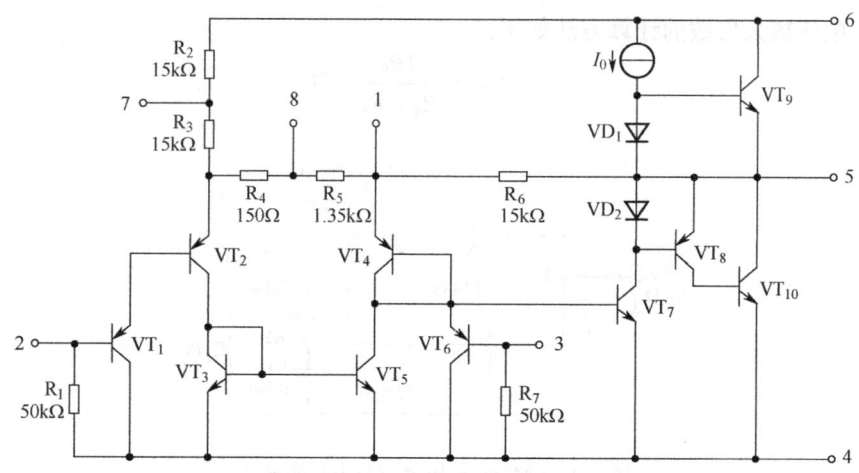

图 3-2 LM386 的内部电路

2．LM386 的应用电路分析

LM386 的典型应用电路如图 3-3 所示，该电路是用 LM386 组成的 OTL 功率放大电路。在该电路中，直流稳压电源电压从 6 号引脚输入，6 号引脚外接滤波电容 C_3，用以滤除电源电压中的高频交流成分，2 号引脚和 4 号引脚接地。信号从 3 号引脚输入，R_{W1} 为音量调节电位器，用以调节输入信号的音量大小。信号从 5 号引脚输出，输出端通过电容 C_5 接至扬声器，构成 OTL 功率放大电路，静态时输出电容 C_5 上的电压为 $U_{CC}/2$，故 C_5 的耐压值应高于 $U_{CC}/2$，R 和 C_4 串联构成相位校正网络，用于防止电路自激。7 号引脚与地之间外接电解电容 C_1。

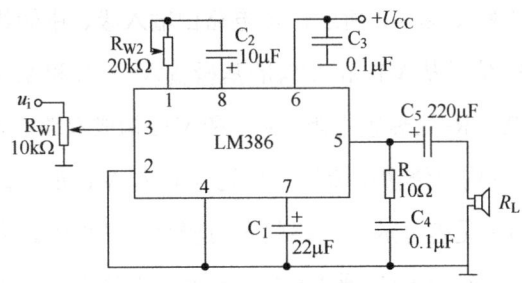

图 3-3　LM386 的典型应用电路

由 LM386 的内部电路可知，当 1 号引脚和 8 号引脚开路时，R_5 位于 R_4 与 VT_4 的发射极之间，负反馈作用最强，整个电路的电压放大倍数为 20，电路接法如图 3-4 所示。电压放大倍数的计算方法如下：

$$A_{uf} \approx \frac{2R_6}{R_4 + R_5} = 20$$

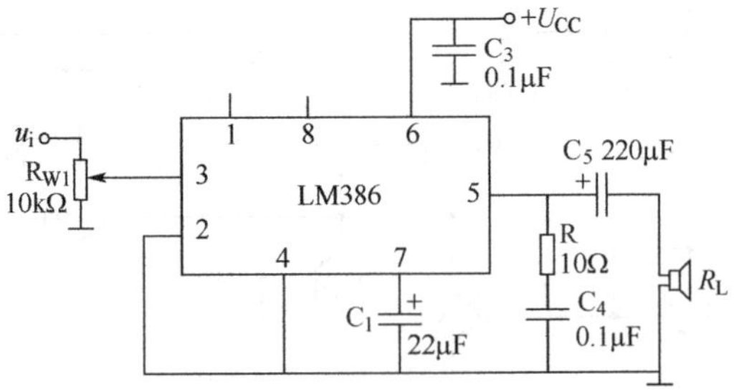

图 3-4　LM386 电压增益最小时的电路

在实际应用中，往往在 1 号引脚和 8 号引脚之间外接阻容串联电路，如图 3-3 所示，由 R_{W2} 和 C_2 构成增益调整电路，通过调节 R_{W2} 的阻值可使 LM386 的电压放大倍数在 20 到 200 之间变化，R_{W2} 的阻值越小，电压放大倍数越大，当 R_{W2} 的阻值为零时，电压放大倍数最大，为 200，即

$$A_{uf} \approx \frac{2R_6}{R_4} = 200$$

由 LM386 构成的音频功率放大器的最大不失真输出电压的峰值约为电源电压的一半，设负载电阻的阻值为 R_L，则最大输出功率为

$$P_{om} \approx \frac{\left(\dfrac{U_{CC}}{2\sqrt{2}}\right)^2}{R_L} = \frac{U_{CC}^2}{8R_L}$$

输入信号电压的最大有效值为

$$U_{im} \approx \frac{\dfrac{U_{CC}}{2\sqrt{2}}}{A_{uf}}$$

3．电路板的选择

本实训可选用万能板进行装配。如图 3-5 所示，万能板是一种通用设计的电路板，板上布满了圆形焊盘，孔间距为 2.54mm，具有操作方便、扩展灵活的优点。根据焊盘形状不同，万能板可分为单孔板和连孔板两大类。单孔板如图 3-5（a）所示，其焊盘是单孔圆形的，焊盘之间相互独立；连孔板如图 3-5（b）所示，其多个焊盘连在一起。一般的万能板由覆铜板腐蚀而成，可直接插装电阻、电容、集成电路等各种元器件。单面板是一种常用的万能板，在使用时将元器件安装在元器件面一侧，引脚位于焊接面一侧，通过焊盘将元器件引脚、导线等焊接连通。

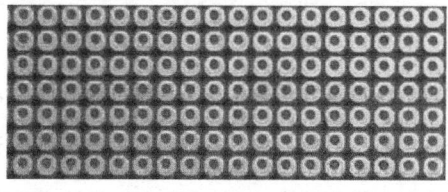

（a）单孔板　　　　　　　　　　　　（b）连孔板

图 3-5　万能板

万能板的尺寸大小不一，如果没有合适的尺寸，就需要对万能板进行切割加工。切割时可使切割线通过某一行或某一列焊孔，这样在切割时既省力又可使断面平直，

切割完成后用砂纸或锉刀将切割面打磨平直、光滑。

4．元器件布局与布线

在万能板上焊接电路之前，应先规划好元器件的布局，元器件的布局是否合理将直接影响电子设备的性能。不同的电路有不同的元器件布局要求，这里仅针对本实训的内容，介绍元器件的布局要求和方法及注意事项。

元器件的布局应能保证电路功能正常，满足电路的性能指标和工艺要求，且便于检测和维修。

本实训所用元器件数量较少，布局时按照电路原理图，根据实际元器件的大小和特点，可直接画出初步的排版设计图。

（1）以 LM386 为中心排布其他元器件，且 LM386 应与其他元器件保持适当的距离，整体布局要合理。

（2）输入端、输出端沿信号流通路径在电路板上从左向右顺序排列，以便于信号流通。

（3）若电路中有电位器，则在布置电位器时要使其便于调节且重心平衡、稳定。

（4）元器件到万能板边缘的距离应大于 2mm。

（5）先放置占用面积较大的元器件，后放置占用面积较小的元器件；先放集成电路，后放分立电路。

（6）对于单面板，每个元器件引脚单独占用一个焊盘，元器件不可上下交叉，相邻元器件应保持一定的间距。

（7）元器件的排列应均匀、整齐、紧凑、美观。

在布线时应根据电路原理图，从输入端到输出端逐级布线，且线条应横平竖直。输入端尽可能远离输出端，以减小信号的相互干扰。一般将公共地布置在万能板的边缘，电源亦靠近万能板的边缘。由于电源线与地线贯穿整个电路，所以合理的电源线和地线布局对简化电路起到十分重要的作用。

对于初学者，在本实训中可先将元器件插装到万能板上，然后用笔在万能板的元器件面一侧画上引脚连线，以方便调整布局和布线，也可用于下一步的焊接对照。

5. 音频功率放大器设计所用元器件及其作用

音频功率放大器设计所用元器件及其作用如表 3-2 所示。

表 3-2　音频功率放大器设计所用元器件及其作用

序　号	元器件	型号或数值	数　量	作　用
1	电位器 R_{W1}	10kΩ	1	音量调节
2	电容 C_1	22μF	1	旁路
3	电位器 R_{W2}	20kΩ	1	增益调节
4	电容 C_2	10μF	1	
5	电容 C_3	0.1μF	1	滤除电源电压中的高频交流成分
6	电阻 R	10Ω	1	相位补偿，防止电路自激
7	电容 C_4	0.1μF	1	
8	电容 C_5	220μF	1	输出耦合电容
9	集成功率放大器	LM386	1	音频功率放大
10	扬声器	8Ω	1	将电信号转变为声信号

根据电路原理图上标明的各元器件的规格、型号和参数合理地选用元器件，当使用条件与技术资料不符时，可根据元器件的参数适当置换，但应满足电路的设计要求。

3.2.2　音频功率放大器的制作

1. 元器件的检测

在使用元器件前必须对其进行检测。

对于电阻和电位器，先检查外观，观察引线有无松动、折断，再使用万用表的欧姆挡测量电阻值，观察测量值与标称值的差值是否在允许的误差范围内。在检测电位器时，将万用表的一个表笔与一定端相接，另一个表笔与动端相接，电位器旋钮应能灵活转动且松紧适当，万用表表针转动应平稳且无跳跃现象。

在检测电容时，先观察引线有无折断，型号、规格是否符合要求，然后用万用表检测其是否有短路、断路或漏电现象。

在检测 LM386 时，先检查外观，如表面有无缺损、引脚有无折断、型号是否符合要求等，再测量其各引脚之间的直流电阻值。

在检测扬声器时，先检查外观是否完好，再用万用表的欧姆挡检测其音圈。在检测时，将万用表置于"×1"挡，先进行欧姆挡调零，再用万用表的两个表笔断续触碰扬声器的两个接线端，扬声器应发出"咔、咔"声，声音越清晰、越响表明扬声器越好，若无声，说明扬声器已损坏。用万用表的欧姆挡测出的扬声器音圈的直流电阻值应为标称值的80%左右。

2. 元器件的安装

元器件若放置时间较长，其引线表面会产生氧化膜，使其可焊性降低，所以元器件一般要经过处理后再装配到印制电路板上。对元器件引线的处理包括校直、表面清洁和镀锡 3 个步骤。在进行完引线处理后，将引线弯折成一定的形状（引线成型），以便于迅速、准确地进行插装。在进行引线成型时，应注意弯折部分应与根部保持一定距离，不能紧贴根部弯折，以免引线断裂。

本实训中元器件在安装时有如下要求。

（1）安装顺序是先低后高、先轻后重。

（2）安装高度符合规定要求，同一规格的元器件保持在同一高度上。

（3）安装后元器件的标志应易于观察，且要便于识别、调试与检修。

（4）有极性的电容不能装反。

（5）注意 LM386 的标志，不能将方向装错。

（6）元器件的外壳和引线不得相碰，应有 1mm 左右的安全间隙。

（7）电位器必须安装牢固，且应安装在便于调节的地方。安装在电位器轴端的旋钮不要过大，应与电位器的尺寸相匹配。在将电位器装入电路时，要注意 3 个引脚的正确连接。焊接时加热时间不得过长。

（8）元器件分布均匀、排列整齐。

3. 电路焊接

焊接是组装电子产品的重要工艺，焊接质量将直接影响成品性能。在进行手工焊接时，要注意以下一些方法和要领。

（1）保持电烙铁头的清洁，方法是用碎布擦拭电烙铁头。

（2）左手拿焊锡丝，右手握电烙铁，用电烙铁将工件被焊部位加热，当被焊部位的温度升高到焊接温度时，送上焊锡丝，使之熔化并浸润焊点，形成焊料层后移去焊锡丝和电烙铁。不可用电烙铁头作为运载焊料的工具。

（3）加热时间要合适。若加热时间不够，则焊锡无法充分熔化，容易造成虚焊；若加热时间过长，则容易造成焊料过多。

（4）电烙铁撤离的角度和方向会影响焊点的形成。

（5）在焊锡凝固之前，应使焊件固定，以免焊点变形，造成虚焊。

（6）元器件引脚应清洁好后再上锡，否则焊接时焊锡不能浸润元器件引脚，容易造成虚焊。

（7）在焊接过程中，电烙铁应安全放置（置于烙铁架上）。注意电源线不可搭在电烙铁头上，以防烫坏绝缘层。

（8）电烙铁使用结束后，应及时拔下电源插头，切断电源。待冷却后，再放回工具箱。

焊点应具有良好的导电性和一定的机械强度，表面应明亮、干净、光滑，无拉尖现象。焊接时应避免虚焊和桥接，虚焊会使焊点内部接触不完全，存在接触电阻，从而造成电路的电气连接不良、工作不正常、状态不稳定；桥接是指将不应相连的焊点连在一起，会造成电气短路。

在使用万能板焊接时，连线方式一般有两种：一种是利用导线作为焊盘的连接线，连线时尽量做到水平和竖直走线，以使布局整洁、清晰；另一种是锡接走线，这种连线方式是用焊锡代替导线，将印制电路板上等电位点的焊盘连通，采用这种方式制作出的印制电路板性能稳定，但用锡较多且导线不能交叉，相当于单面板的布线，比直接用导线连接的要求高。

4．电路检查

在制作完 LM386 后，应对其进行直观检查。根据电路原理图和装配图检查元器件的选用及安装是否正确，如检查元器件的安装位置、电阻的阻值、电容的容量和极性、LM386 的引脚位置等是否正确；查看电路是否有短路、断路现象；检查焊接质量，如元器件是否牢固、焊点是否符合要求等。如果发现问题，应及时处理。

3.2.3　音频功率放大器的调试

使用 LM386 应注意以下几点。

（1）在使用前应认真查阅元器件手册，了解 LM386 的引脚排列及各引脚的功能，特别注意电源端、输出端和接地端不可接错（尤其不能相互短路），否则可能损坏元器件。

（2）要保证电路接触良好，否则电路不能正常工作。

（3）注意极限参数。

（4）电源电压不能超过允许值且电源正、负极一定不能接反。

（5）在安装电路或插拔元器件时一定要断开电源。

1．测量静态工作电压

电路经检查无误后，接通+6V直流稳压电源，用万用表测量LM386各引脚处的直流电压，将测量数据记录入表3-3。

表3-3　静态工作电压

引　脚　号	1	2	3	4	5	6	7	8
静态工作电压/V								

2．测量静态功耗

将输入信号对地短路，接通直流稳压电源，测量静态电源电流，求出静态功耗。

3．调试电压放大倍数

用低频信号发生器在音频功率放大器的输入端输入 $f=1kHz$、$U_i=10mV$ 的正弦波信号。调节电位器 R_{W1} 和 R_{W2} 的阻值，扬声器中应有声音发出，且随着电位器阻值的变化，声音的强弱有所变化。

4．测试动态参数

若固定电压放大倍数，可按图3-4连接电路。输入 $f=1kHz$、$U_i=10mV$ 的正弦波信号，用示波器观察输出波形，调节电位器 R_{W1} 的阻值，逐渐加大输入信号的幅度，使输出波形达到最大不失真状态。

（1）测量此时电源的输出电流，求出电源供给功率。

（2）用交流毫伏表测量输入信号、输出信号的电压，求出电路的电压放大倍数和最大不失真输出功率，并与理论估算值进行比较。

（3）求出该音频功率放大器的效率，并与理论估算值进行比较。

5．测试幅频特性

保持输入信号的幅值不变，改变输入信号的频率，读出不同频率时的输出电压，绘出幅频特性曲线。

3.2.4　音频功率放大器的检修

音频功率放大器出现故障的原因一般有接触不良、接线错误、断路、短路、元器件损坏等，下面介绍对音频功率放大器进行检修的一些方法。

1．直观检查

通过目测，对安装好的音频功率放大器进行初步检查，可发现一些明显的故障。检查范围包括电路接触是否良好，焊接质量是否符合要求，元器件安装位置是否正确，电阻的阻值是否正确，电容的容量与极性是否正确，LM386 的安装方向是否正确，电路有无错接、漏接、断开现象，尤其是电源线和地线、输入线和输出线的连接是否正确等。

2．测试引脚的直流电压

判断 LM386 是否正常，可测试其各引脚对地的直流电压，并将其与典型值进行比较。对 LM386 进行检测主要使用万用表。

LM386 的 6 号引脚是电源引脚，该引脚的电压在 LM386 各引脚电压中应该是最高的。若电源引脚的电压为 0V 或偏低于电源电压，则应检查电源电压供给电路是否正常，C_3 是否短路或漏电，LM386 的性能是否良好。5 号引脚是 LM386 的输出引脚，C_5 是输出端耦合电容，5 号引脚的电压应为电源电压的一半，这是 OTL 功率放大电路的特征之一，也是检修电路故障的重要依据，若检测出 5 号引脚的电压为电源电压的一半，则说明 LM386 正常。若在接线可靠的情况下，输出电压始终等于电源电压，则说明 LM386 已损坏。7 号引脚的电压若低于正常值，则应检查 C_1 的性能，如有无漏电现象等。2 号引脚和 4 号引脚接地，其电压应为 0V，若测试结果不是 0V，则应检查连线是否接触良好，焊点质量是否符合要求，以及有无虚焊、假焊问题等。

3．故障现象为电压放大倍数不可调或输出无声

当出现电压放大倍数不可调或输出无声现象时，应检测直流工作电压是否正常，电压放大倍数调整电路是否正常（如电位器 R_{W2} 的阻值及电容 C_2 的容量和极性是否正确），扬声器是否正常工作，电位器 R_{W2} 的阻值是否为最小值且是否可调，电位器、电容、扬声器和 LM386 的性能是否良好等。

4．替换法检测

在上述检测过程中，有些元器件的故障不明显或不易判断，如电容是否漏电、LM386 的性能是否良好等，可以用相同规格的、经过检验且工作正常的元器件逐一替换，从而确定故障位置和原因。但使用替换法检测，应在排除电路其他故障的情况下进行，否则替换上的元器件有可能被损坏。

3.2.5　项目拓展

设计、制作与调试双声道音频功率放大器。

3.3　直流稳压电源的设计、制作与调试任务书

3.3.1　能力目标

（1）能熟练进行元器件参数的测试和元器件的选择。

（2）具备熟练查阅元器件手册等技术资料的能力。

（3）熟练掌握正确使用常用仪器仪表（如万用表、信号发生器、示波器等）、设备、工具（如电烙铁、镊子、螺丝刀、钳子、钻头、锉刀等）的方法。

（4）具备阅读直流稳压电源产品说明书的能力，以及分析中等复杂程度模拟电子产品整机电路原理图的能力。

（5）掌握电子产品从设计、制作、调试到出成品的全过程及一般方法；熟悉直流稳压电源的结构和基本设计方法，掌握其工作原理和使用方法。

（6）具备直流稳压电源的设计、制作、调试及排除一般电路故障的能力，掌握印制电路板的设计、制作方法，培养手工设计印制电路板的能力。

（7）具备对任务实现过程中出现的各种实际问题进行独立分析和解决的能力，在问题面前不急不躁、耐心处理；学习处理问题的技巧，培养良好的心理素质。

（8）树立严谨的科学作风，培养在法规、安全规范范围内做事的职业素养。

（9）培养生产观点、经济观点、全局观点及团队合作精神。

3.3.2　技术指标、功能要求和设计任务

1. 技术指标和功能要求

（1）用三端集成稳压器（LM317）设计直流稳压电源，输出电压 1.25～15V 可调。

（2）变压器输入交流电压为 220V，输出交流电压为 18V。

（3）直流稳压电源的最大输出功率为 25W，最大电流为 1.5A。

（4）系统具有扩流、限流保护、过压保护、指示灯、保险、开关等功能。

2. 设计任务

要求用一个 LM317、一个变压器、一个 3DD15D（扩流三极管），以及二极管、三极管、电阻、电容、电位器等辅助元器件设计、制作出一台可调式直流稳压电源。

（1）根据技术指标和功能要求，查阅技术资料，初选电路。

（2）通过查阅资料、设计、计算，确定电路方案，完成电路原理图设计。

（3）根据所设计的电路原理图选择元器件，了解印制电路板的设计和制作方法。

（4）将元器件正确焊接在印制电路板（机芯）上。

（5）调试整机电路，检查其是否满足技术指标和功能要求。

（6）排除可能产生的故障。

（7）将机芯及外壳等正确装配成一台具有实用价值的产品。

（8）撰写技术报告（综合实训总结报告）。

3.3.3　时间安排建议

建议实训时间为 40 学时或 20 学时，以下给出各环节的时间安排建议。

（1）布置任务，发放并处理焊接工具——2 学时。

（2）直流稳压电源的工作原理框图及电路原理图设计——16 学时（仅当实训时间为 40 学时时有此环节）。

一半时间集中在教室由教师统一指导，另一半时间去图书馆查阅资料，独立进行设计。要求画出系统框图、总机电路原理图，列出所需元器件清单。

（3）了解印制电路板的设计与制作方法——4 学时（仅当实训时间为 40 学时时有此环节）。

根据元器件清单领取元器件，了解设计与制作印制电路板的方法。

（4）发放元器件及印制电路图读图——2 学时。

（5）机芯焊接与调试——8 学时。

检测元器件功能的好坏，焊接并调试机芯，使其达到功能要求。

（6）总机装配与调试——6 学时。

（7）总结及交流——2 学时。

可组织一次全班性的总结及交流会，每组代表分别上台发言，分享在综合实训中的经验、体会、建议。学生只要真有收获，发言就会很积极，并且在交流的过程中能够获益。在分组总结交流的基础上写出综合实训总结报告。

3.3.4　成绩评定方法

（1）平时表现（主要是考勤及行为规范）——20%。

（2）机芯焊接质量——30%。

（3）总机装配质量——30%。

（4）综合实训总结报告——20%。

3.3.5　综合实训总结报告的标准格式

封面——题目、姓名等信息

目录

一、设计任务书及主要技术要求

二、整机电路框图及整机功能说明

三、各单元电路的设计方案及原理说明

四、电路原理图和装配图

五、机芯焊接、调试及结果分析

六、总机装配、调试及结果分析

七、遇到的问题及解决问题的方法

八、收获、体会

九、意见、建议

十、附录

(1) 整机电路原理图。

(2) 元器件清单,包括名称 (如电阻、电容、开关、三极管等)、型号或数值 (如 9011、3DD15D、LM317、0.01μF 等)、数量。

(3) 总机面板图。

(4) 主要参考资料。

3.4　直流稳压电源的设计、制作与调试指导书

3.4.1　流程简介

(1) 方案设计——根据设计题目给定的技术指标和条件,初步设计出完整的电路 (这一阶段又称 "预设计" 阶段)。

这一阶段的主要任务是准备好实验文件,包括画出整机电路框图、构成整机电路

框图的各单元的电路原理图及整机电路原理图，列出元器件清单。

衡量一个电路设计的好坏，主要看其是否达到了技术指标要求及能否长期可靠地工作。此外还应考虑经济性、操作性及维修是否方便等问题。为了设计出比较合理的电路，设计者除要具备丰富的经验和较强的想象力之外，还应该尽可能多地熟悉各种典型电路的功能。

（2）方案试验——对所选定的设计方案进行安装和调试。

（3）工艺设计——完成制作实验样机所必须进行的设计，包括整体结构设计及印制电路板设计等。

（4）样机制作及调试——包括组装、焊接、调试、可靠性测试等。对于现场使用的系统，为保证其可靠性，还应测试以下几个内容：抗干扰能力、电网电压及环境温度变化到最大值时的系统可靠性、长期运行的稳定性、抗机械振动的能力。

（5）总结鉴定——考核样机是否全面达到了技术指标要求，能否长期可靠地工作，同时写出设计总结报告。

以上简述了一个电子电路系统装置的设计、制作、调试全过程。在进行直流稳压电源综合实训教学时，只是模拟了以上各个阶段的工作，真实产品的设计、制作、调试更为严格和复杂。

3.4.2　直流稳压电源简介及设计任务分解

1. 直流稳压电源的基本功能

直流稳压电源（见图 3-6）的基本功能是将交流电转变为直流电，且在一定的技术要求下输出稳定的电压，为电路提供稳定的直流电压。

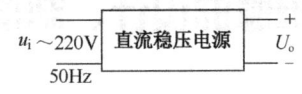

图 3-6　直流稳压电源

2. 直流稳压电源的电路框图

直流稳压电源的电路框图如图 3-7 所示。由图 3-7 可知，直流稳压电源由降压变压器、整流器、滤波器、稳压器和保护电路五大部分组成。

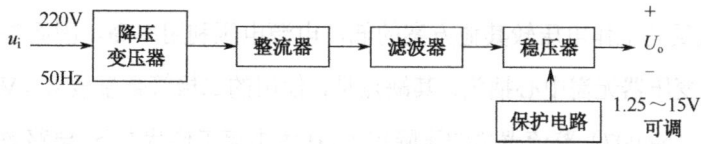

图 3-7 直流稳压电源的电路框图

3. 直流稳压电源的参考电路原理图

直流稳压电源的参考电路原理图如图 3-8 所示。

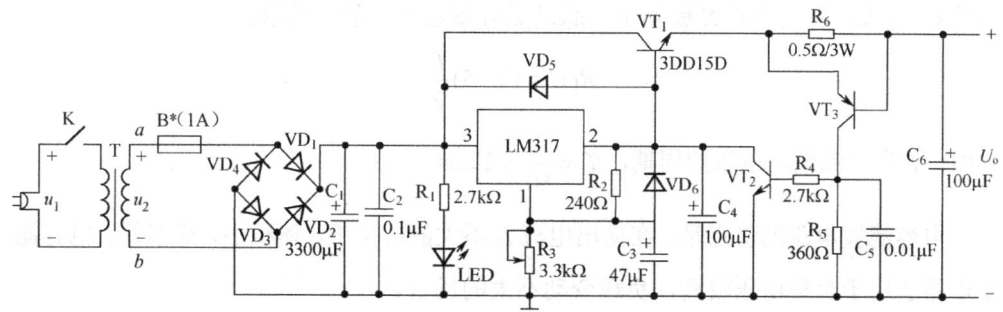

图 3-8 直流稳压电源的参考电路原理图

4. 直流稳压电源设计任务分解（实训子项目）

（1）降压变压器。

降压变压器的作用是将 220V、50Hz 的交流输入电压降压后变为所需的约 18V 的交流电压，同时还可以起到隔离直流稳压电源与电网的作用。降压变压器的电路原理图如图 3-9 所示，为控制电源，在降压变压器初级接一个开关 K，作为总的电源开关；在降压变压器次级接一个熔断器 B*（1A），作用是防止电流过大损坏降压变压器。

（2）整流器。

整流器的内部电路是二极管桥式整流电路，其作用是将经降压变压器变换后的交流电压转变为单向的脉动直流电压，由于这种电压中存在很大的脉动部分（纹波），如果用它直接给负载供电，纹波的变化会影响后级电路的性能，所以必须对其进行处理。

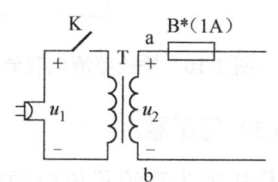

图 3-9 降压变压器的电路原理图

二极管桥式整流电路的优点是，输出电压高，脉动系数小（纹波电压小），每管所承受的最大反向工作电压较其他方案的低，电源电压利用率高，因而整流效率也较高，并且降压变压器无需中心抽头；其缺点是，使用的二极管数量较多（$VD_1 \sim VD_4$可采用 1N4001~1N4007），整流器总的压降较大，在大电流工作状态下，电路效率会下降。

（3）滤波器。

滤波器的内部电路是电容滤波电路，其作用是对整流部分输出的脉动直流电压进行平滑处理，使其成为含交流成分很少的、更加平滑的直流电压。滤波部分实际上是一个性能较好的低通滤波器，且其截止频率一定是低于整流输出电压基波频率的。虽然C_1越大，脉动系数S就越小，脉动成分就越少，但一般取：

$$R_L C_1 = (3 \sim 5)\frac{T}{2}$$

式中，T为交流电网电压的周期，$T = \dfrac{1}{50} = 20\text{ms}$。

电容滤波电路的优点是，在输出电流I_0不大的情况下，体积小，成本低。电容滤波电路适用于负载电压较高，负载变动不大的场合。

桥式整流电容滤波电路原理图如图 3-10 所示。

（4）电源指示灯。

$$U_3 = 1.2 U_2 = 1.2 \times 18 = 21.6\text{V}$$

普通发光二极管的正向导通电压按 2V 估算，可求出发光二极管上流过的正向导通电流I。电源指示灯的电路原理图如图 3-11 所示。

图 3-10　桥式整流电容滤波电路原理图　　　　图 3-11　电源指示灯的电路原理图

（5）稳压器。

稳压器为直流稳压电源的核心部分。尽管经过整流和滤波后的直流电压可以充当某些电子电路的电源电压，但是其电压值的稳定性很差，受温度、负载、电网电压波动等因素的影响很大。因此还必须有稳压电路，以维持输出直流电压的基本稳定性。稳压器的电路原理图如图 3-12 所示，通过 LM317 的稳压后，输出电压在输入电网波动（±10%）、输出负载变化及温度波动几种情况下仍然可以保持稳定。

LM317 的额定输出电压一般是不可调的，但可以通过外接 R_2、R_3 来扩展输出电压，达到调压作用。

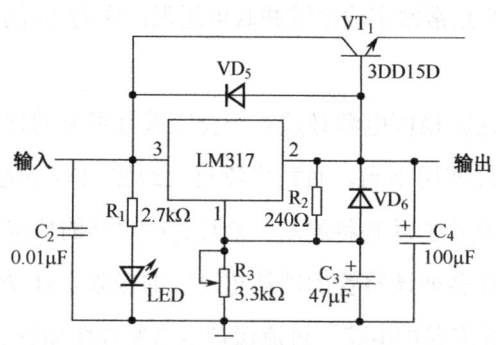

图 3-12　稳压器的电路原理图

输出端和调节端之间在工作时产生标称值为 1.25V 的基准电压 U_{REF}，这个基准电压加在电阻 R_2 两端，由于电压是恒定的，所以有一个恒定的电流流过 R_3，得到的输出电压为

$$U_o = U_{REF}(1+R_3/R_2) + I_{ADJ}R_3$$

式中，I_{ADJ} 代表一个误差项，在设计 LM317 时应尽量减小 I_{ADJ}，并使之等于一个常数，不随输入电压和负载的变化而变化，于是有

$$U_o \approx 1.25(1+R_3/R_2)$$

由此可见，当 R_2 的阻值固定（通常取 240Ω）后，改变 R_3 的阻值，输出电压 U_o 也随之改变，即输出电压 U_o 可调。

发光二极管与限流电阻 R_1 串联接在稳压器的输入端，当电源开关 K 闭合时，发光二极管亮。

C_2 应靠近稳压器，起消振作用（防止自激振荡）。

C_3 为旁路电容，可进一步抑制纹波，当输出电压升高时，C_3 可防止纹波放大，即将 R_3 上的纹波旁路掉。

由于使用了 C_2、C_3 等，与任何反馈电路一样，某些外接电容（500pF～5000pF）可能引起振荡，C_4 的作用就是消除这种振荡，确保电路工作稳定。

由于 LM317 的输出电流固定且较小，带负载能力差，所以在实际工作中，往往需要稳压器输出较大电流，以提高带负载能力，可利用 VT_1 进行电流放大。将 VT_1 接成共集电极电路（射极跟随器），具有电流放大作用，由于电流较大，VT_1 采用大功率管 D7312（可用 3DD15D 替换）。

实际上稳压电源产品常常在输出端并联电压表，作为 U_o 的指示仪表。

（6）保护电路。

一个功能完善的直流稳压电源必须有一套完整且可靠的保护电路，在串联直流稳压电路中，若元器件使用不当，负载电流过大或输出短路的情况是可能发生的。此时，LM317 内部调整管的功耗将剧增，尤其是在短路的情况下，全部输入电压都加到调整管两端，这就会使调整管的功耗超过它的极限功耗 P_{CM} 从而损坏调整管，所以必须采用合适的过流保护电路。过流保护电路原理图如图 3-13 所示。

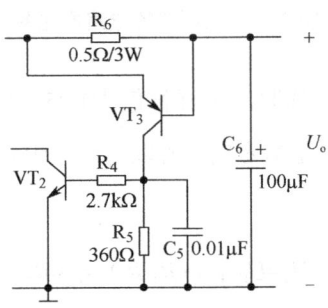

图 3-13　过流保护电路原理图

① 二极管保护电路。

大多数电容的串联内阻是很小的，当发生短路时放电电流将产生 20A 的脉冲尖峰，即使短路的时间很短，放电能量也足以损坏集成电路。当 LM317 的调整管有外接电容时，须加保护二极管以防止电容通过小电流端放电产生的电流进入调整管。

VD_5：防止 C_4 的反峰高压冲击。当调整管的输出端接有电容 C_4 而输入端被短路时，输出端电容将向调整管输出端放电，放电电流与电容量有关，也与输出电压及输入电压减小的速率有关。VD_5 为 C_4 提供了一条放电回路，可防止 C_4 的反峰高压对 LM317 产生冲击。

VD_6：防止 C_3 的反峰高压冲击。由于在调整管的调整端接有旁路电容 C_3，所以当输入端或输出端短路时，C_3 上会产生一个反峰高压。当输出端短路时，C_3 通过 VD_6 放电；当输入端短路时，C_3 通过 VD_6、VD_5 放电，防止 C_3 的反峰高压冲击调整管。

② VT_2 和 VT_3 保护电路。

VT_2 和 VT_3 保护电路可以防止电流过载或输出短路时损坏元器件。R_6 为采样电阻，可对输出电流进行动态监视。R_6 的阻值为 0.5Ω，功率为 3W。当输出电流大于 1.5A（额定电流），R_6 上的压降为 $1.5A \times 0.5\Omega = 0.75V$（或大于 0.7V）时，$VT_3$ 导通，R_5 的压降升高，VT_2 也导通，从而使从 LM317 的输出电流从 VT_2 上分流一部分，这样流进扩流管的电流便减小，输出电流也减小，从而可以达到过流保护的目的。

当输出电流减小到一定程度时，R_6 的压降小于 0.7V，VT_3 截止，VT_2 也截止，电路恢复正常。

C_5：当负载恢复正常时，$I_o < 1.5A$，VT_3 截止，由于 C_5 已充电，可使 VT_2 再维持导通一段时间，直到 C_5 放电到不能维持 VT_2 导通为止，即可防止负载连续突变而造成的 VT_1 连续被冲击（防干扰），同时还具有交流旁路功能。

C_6：输出电容，其作用一是滤波，二是防止输出电压突变对负载造成冲击（消振）。

3.4.3　直流稳压电源印制电路板的设计与制作

1. 印制电路板的设计

印制电路板的设计是十分重要的工艺环节，若设计不当，会直接影响整机的性能，甚至使其不能正常工作。

一般情况下，印制电路板的一面用于放置元器件，称为元器件面；另一面用于布置印制导线，称为印制面或焊接面。

（1）元器件排列的原则。

① 按信号流向排列，一般从输入级开始，到输出级终止。

② 发热量大的元器件，应加散热器，并尽可能放置在有利于散热的位置或靠近机壳处（甚至可以考虑放在机壳上）。

③ 对于比较大或比较重的元器件，要另加支架或紧固件。

④ 热敏元器件要远离发热元器件。

⑤ 某些元器件或导线间有较大电位差，应加大它们之间的距离。

⑥ 尽可能缩短高频元器件的连接线，设法减小它们的分布参数和相互间的干扰，易受干扰的元器件应加屏蔽措施。

⑦ 可调元器件应布置在方便调节处。

⑧ 对称式的电路（如推挽功率放大器、差动放大器、桥式电路、两个相同的子

电路等）要注意元器件分布的对称性，尽可能使其分布参数一致。

⑨ 每个单元电路应以核心元器件为中心，围绕它进行布局。

⑩ 元器件排列应均匀、整齐、紧凑，单元电路之间的引线应尽可能短，引出线应尽量少。

⑪ 元器件到印制电路板边缘的距离要大于2mm。

⑫ 元器件外壳之间的距离应根据它们之间的电压来确定，不应小于0.5mm。

⑬ 印制电路板上应留有紧固的位置，紧固件应安装在安装、拆卸方便的位置。

⑭ 若有引出线，最好使用接线插头。

⑮ 有铁芯的电感线圈应尽量相互垂直安装，且应相互远离以减小相互间的耦合作用。

⑯ 相同的元器件应尽量采用相同的跨距。

本实训要求将电压表表头、电源开关、发光二极管、R_3（电位器）、输出接线柱安装在机壳前面板上；将电源变压器安装在底座上；将熔断器座和电源线安装在后面板上。在设计印制电路板时，应充分考虑散热片的位置。

（2）元器件安装数据的获得。

① 查相关资料获得元器件的安装数据。

② 实测元器件获得安装数据。

（3）布线的原则。

① 布线要短。

② 一般将公共地线布置在靠近印制电路板边缘处，距离边缘应留有一定距离。

③ 高频元器件和高频引线一般布置在印制电路板中间，以减小它们对地和机壳的分布电容。

④ 拐角要圆，因为直角、尖角对高频和高压信号影响较大。

⑤ 在条件允许的情况下，印制导线可适当加粗，间距可适当加大。

⑥ 单面板的印制导线不能交叉，当遇到需要交叉的情况时可绕行。

⑦ 走线正确，布线均匀、美观。

设计印制电路板是一项实践性很强的工作，以上原则在不同情况下有不同的侧重点，应根据具体的电路特点和机械结构要求灵活设计。

（4）设计方法。

① 计算机辅助设计。

② 手工设计。

2. 印制电路的绘制

（1）焊盘的绘制。

① 通常采用圆形焊盘。

② 绘制的焊盘内圆是加工钻孔的依据，定位孔要小。

③ 焊盘的外径 D 是钻孔直径 d 的 2 倍以上。

④ 钻孔直径 d 比焊件直径大 0.2mm 左右。

（2）印制导线的绘制。

① 印制导线应简洁美观、无尖角，印制导线与焊盘之间的过渡应平滑。

② 分立元器件的印制导线宽度一般为 1.5～3mm；集成电路的印制导线宽度一般为 1mm 或以下；大电流导线的印制导线宽度应适当加粗。

③ 在同一印制电路板上，除电源线和地线以外，其余印制导线宽度应尽可能一致。

④ 公共地线最好布置在印制电路板边缘，同时应尽可能加粗地线，以提高屏蔽效果。

（3）安装孔。

安装孔是为固定大型元器件或印制电路板本身而设计的孔位，其周围要留有足够的空间。

3. 印制电路板的手工制作方法

（1）选择敷铜板，清洁板面。

① 根据电路要求，裁好敷铜板。

② 先用砂纸将敷铜板的边缘打磨光滑（去毛刺）。

③ 在敷铜板上放少许去污粉，加水，用布将板面擦亮，然后用干布擦干净。

（2）复印印制电路。

将设计好的印制电路用复写纸复印在敷铜板上。在复印时，印制电路与敷铜板要对齐。

（3）描漆或贴膜。

① 描漆：在印制导线和焊盘上描一层易干漆，要描均匀，薄厚适宜，边缘清晰、

无毛刺。

② 贴膜：用透明胶带将整个板面贴住，然后用刀片将不需要的部分刻掉。

（4）腐蚀。

待漆干燥后，将印制电路板放到三氯化铁溶液中进行腐蚀，铜遇三氯化铁发生置换反应（大约需要 30~60min，可加热、加光照以加速反应）。

（5）清洗。

待印制电路板上没有涂漆或贴膜部分的铜箔全部腐蚀掉后，将印制电路板取出并用水冲洗，晾干后用香蕉水溶去印制电路板上的漆皮或撕掉胶膜。

（6）修整。

用刀片修整腐蚀好的印制电路板上的导线和焊盘边缘，使其平滑、无毛刺。

（7）钻孔。

① 按图样所标尺寸钻孔。

② 孔要钻在焊盘中心，且应垂直于板面，内壁应光滑、无毛刺。

③ 用细砂纸将印制电路轻轻擦亮，用干布擦去粉末。

（8）涂助焊剂。

① 助焊剂一般是用松香和酒精按 1:2 的体积比例配制成的溶液。

② 涂助焊剂的目的是便于焊接，保证印制导线性能，保护铜箔，防止产生铜锈。

③ 用毛刷沾上助焊剂在印制电路板上刷上薄薄一层后晾干，即完成了印制电路板的制作。

4. 印制电路图

（1）直流稳压电源的元器件焊接位置图如图 3-14 所示。

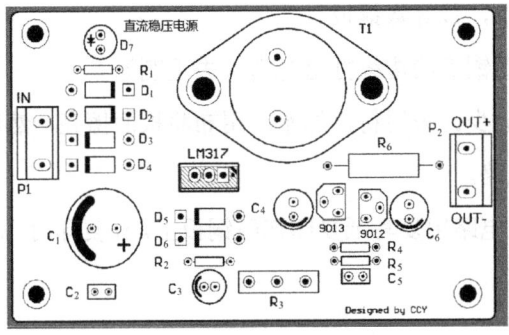

图 3-14　直流稳压电源的元器件焊接位置图

（2）直流稳压电源的印制电路图如图 3-15 所示。

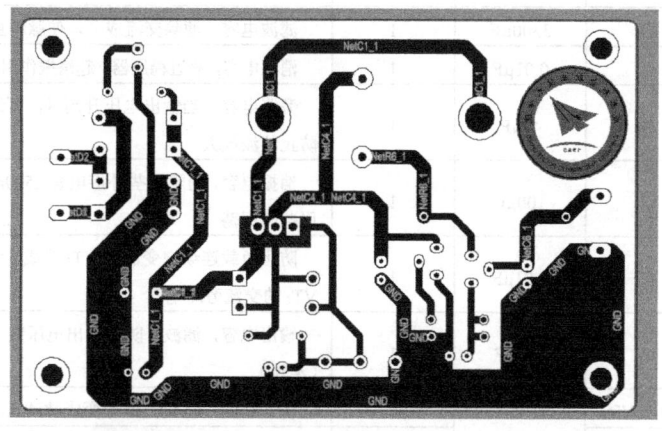

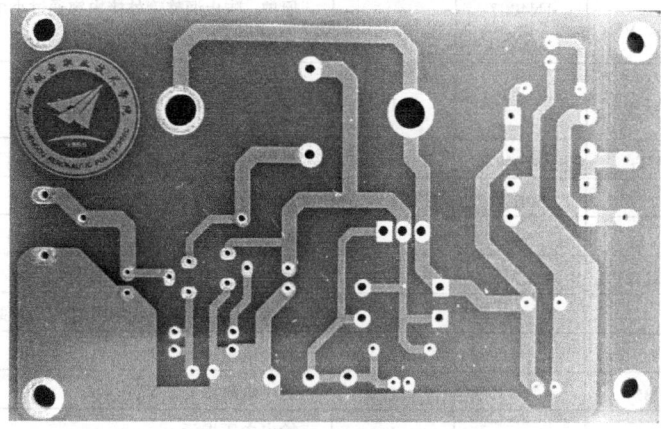

图 3-15　直流稳压电源的印制电路图

5. 直流稳压电源设计所用元器件及其作用

直流稳压电源设计所用元器件及其作用如表 3-5 所示。

表 3-4　直流稳压电源设计所用元器件及其作用

元 器 件	符　号	型号或数值	数量/个	作　　用
电阻	R_1	2.7kΩ	1	发光二极管的限流电阻（红紫黑棕棕）
	R_2	240Ω	1	调压（红黄黑黑棕）
	R_4	2.7kΩ	1	为 VT_2 提供导通/截止条件（红紫黑棕棕）
	R_5	360Ω	1	为 VT_2 提供导通/截止条件（橙蓝黑黑棕）
	R_6	0.5Ω/3W	1	采样，以便对输出电流进行动态监视（绿黑银金）
电位器	R_3	3.3kΩ	1	调压

续表

元 器 件	符 号	型号或数值	数量/个	作 用
电容	C_1	3300μF	1	滤波电容，滤除交流成分，使脉动直流电压更加平滑
	C_2	0.01μF	1	消振电容，靠近稳压器，起消振作用，即防止自激振荡
	C_3	47μF	1	旁路电容，当输出电压升高时，可进一步抑制纹波，防止纹波放大
	C_4	100μF	1	消振电容，消除某些外接电容（500pF～5000pF）可能引起的振荡
	C_5	0.01μF	1	防止负载连续突变而对 VT_1 造成连续冲击（防干扰），VT_2 的交流旁路电容
	C_6	100μF	1	输出电容，滤波、防止输出电压突变对负载造成冲击（消振）
二极管	VD_1～VD_4	1N4007	4	桥式整流，将交流信号变成脉动直流信号
	VD_5、VD_6		2	保护，防止调整管外接电容通过小电流端放电产生的电流进入调整管
发光二极管	VD_7		1	作为电源指示灯
三极管	VT_1	D7312	1	采用大功率管扩流（可用 3DD15D 替换）
	VT_2	9013	1	过流保护（NPN 型三极管）
	VT_3	9012	1	过流保护（PNP 型三极管）
稳压器 IC	LM317	LM317	1	稳压
变压器	T		1	将输入的 220V、50Hz 的交流电压降压
开关	K		1	控制电源的开、关
熔断器	B*	1A	1	防止电流过大损坏元器件
电压表表头			1	输出电压指示

3.4.4 直流稳压电源机芯焊接

1. 焊接前的准备

参照本书 1.5 节正确安装元器件、焊接机芯。注意不同类型或带有极性的元器件不要接错或接反方向。

（1）对被焊元器件的引线进行清洁、预镀锡和成型。

（2）清洁印制电路板的表面，主要目的是去除氧化层，检查焊盘和印制导线是否有短路点等缺陷。

（3）熟悉相关印制电路板的装配图，并检查所有元器件的型号、规格及数量是否符合图纸的要求。

2. 焊接要点

元器件焊接的顺序原则上是先低后高、先轻后重、先耐热后不耐热。一般元器件焊接顺序依次是电阻、电容、二极管、三极管、集成电路、大功率管等。

（1）焊接电阻（5 个）。

色环电阻（见图 3-16）的颜色说明：棕 1、红 2、橙 3、黄 4、绿 5、蓝 6、紫 7、灰 8、白 9、黑 0、金 0.1、银 0.01。

记忆口诀：棕 1 红 2 橙上 3，4 黄 5 绿 6 是蓝，7 紫 8 灰 9 雪白，黑色是 0 须记牢。

误差：金色表示±5%，银色表示±10%，无色表示±20%，棕色表示±1%，红色表示±2%。

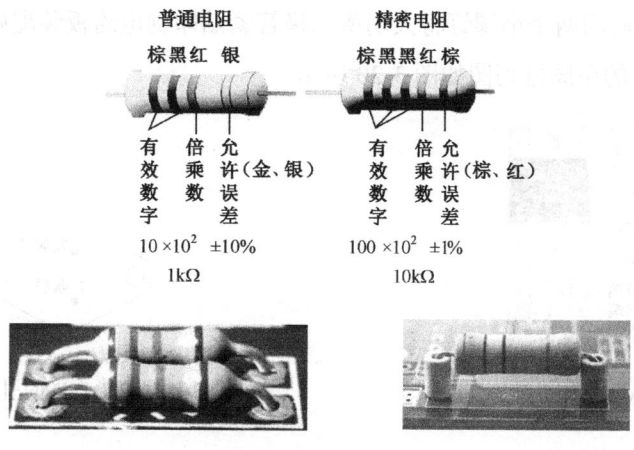

图 3-16　色环电阻

小功率电阻建议采用卧式插装方式进行插装；大功率电阻（3W 以上）建议采用立式插装方式进行插装。

（2）焊接瓷片电容（2 个，103）。引脚可以保留 3～5mm 的高度，引线成型焊接。

（3）焊接二极管（6 个）。

二极管上有一圈白线的一端为负极，如图 3-17 所示。注意极性不要接反。

（4）焊接 3300μF 大容量电解电容（体积最大）及电解电容。

在所有电解电容根部接触印刷电路板后才可焊接，注意极性不要接反。

（5）焊接三极管 9012（PNP 型）和 9013（NPN 型）。

9012 和 9013 这两个三极管（见图 3-18）的类型是相反的，千万不要接错，否则在进行机芯测试时可能会烧毁熔断器。为了散热，引脚根部距印制电路板 6mm 较好。

图 3-17　二极管引脚排列图　　　　图 3-18　三极管引脚排列图

（6）焊接三端可调集成稳压器 LM317。LM317 决不能装反，焊接时应仔细核对它的引脚排列图（见图 3-19）。由于它是发热器件，所以应尽量高一些，以便于散热。

（7）焊接大功率三极管 D7312（3DD15D）。

先在印制电路板相应位置上焊锡（避免氧化），再在去掉元器件引脚上的氧化层后对其上锡，然后用两个小螺钉将大功率三极管紧贴印制电路板装配好，并焊接两个引脚。3DD15D 的引脚排列图如图 3-20 所示。

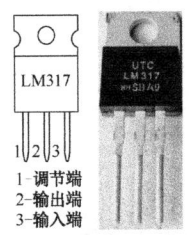

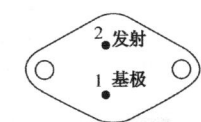

图 3-19　LM317 的引脚排列图　　　　图 3-20　3DD15D 的引脚排列图

（8）不焊接在机芯上的元器件有电源线（带插头）、电源开关、降压变压器、熔断器、发光二极管、电位器 R_3、电压表表头、输出端接线柱。

（9）检查元器件是否焊接完，是否焊接错，方向是否焊接反。

（10）利用万用表检查输出端是否短路、开路，装配孔是否与电路短接。

（11）焊接测试桩（最好焊接 5 个，为测试方便也可焊接 6 个）。

测试桩不要太高，以免与其他元器件引脚相碰。

外接变压器（两个输入端）、外接电压表和输出端接线柱（两个）、外接可调电阻（电位器）、预留发光二极管接线柱。

（12）将焊接面上元器件引脚高出焊点的部分用偏口钳剪去（大功率三极管的引脚太粗，可不剪去）。

机芯焊接时需要焊接的元器件及使用的工具如图 3-21 所示。

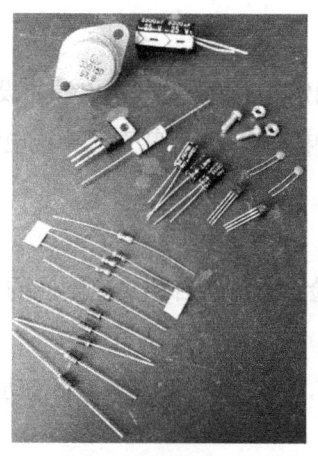
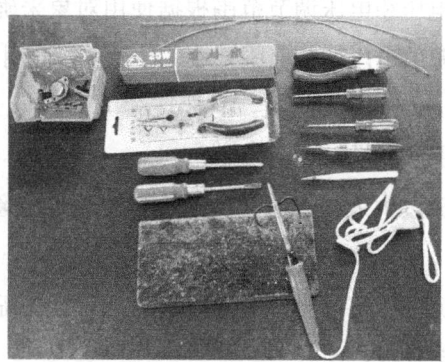

图 3-21　机芯焊接时需要焊接的元器件及使用的工具

3.4.5　调试的步骤与方法

由于直流稳压电源的电路已经很成熟，所以可以直接将整机电路全部焊接完成后再分模块进行调试。

1. 熟悉直流稳压电源的技术性能指标

直流稳压电源的输出电压 U_o 会受到输入电压 U_i、负载电流 I_o 和环境温度 $T(℃)$ 这 3 个因素的影响，即

$$U_o=f(U_i,I_o,T)$$

（1）最大输出电流 I_M。

I_M 是指直流稳压电源在正常工作情况下能输出的最大电流，其取决于调整管的最大允许功耗和最大允许工作电流。

（2）输出电压和电压调节范围。

输出电压和电压调节范围根据使用对象来确定。对于需要固定电源的设备，其直流稳压电源的电压调节范围要小。对于需要商用电源的设备，其直流稳压电源的电压从0V起调，调节范围要大，且要连续可调。

（3）保护特性。

当电流过大或短路时，调整管有损坏的危险，应自动启动快速响应的过流保护功能。

当直流稳压电源出现故障时，输出电压过高，会危害负载，应自动启动快速响应的过压保护功能。

（4）效率。

直流稳压电源是一个换能器，存在需要提高换能效率的问题，提高换能效率主要是为了降低调整管的功耗，这样既能节能又能提高直流稳压电源的工作稳定性。

（5）过冲幅度。

过冲：由于某一因素影响量瞬变，输出电压超出稳压区。

过冲幅度：输出电压偏离额定值的最大幅度。

① 交流供电电源阶跃变化时的过冲幅度[220V（±10%）阶跃变化]。

② 负载阶跃变化时的过冲幅度（负载电流从空载到满载之间阶跃变化）。

（6）输入电压调整因数。

输入电压经整流、滤波后的变化量与所引起的输出电压的变化量之比称为输入电压调整因数。

$$S_\mathrm{u} = \frac{\Delta U_\mathrm{o}}{\Delta U_\mathrm{i}}\bigg|_{\Delta T=0,\Delta I_o=0}$$

（7）稳压系数。

输出电压和输入电压的相对变化量之比称为稳压系统，表征电源的稳压性能。

$$S_\mathrm{r} = \frac{\dfrac{\Delta U_\mathrm{o}}{U_\mathrm{o}}}{\dfrac{\Delta U_\mathrm{i}}{U_\mathrm{i}}}\bigg|_{\Delta T=0,\Delta I_o=0} \qquad \text{或}\ S_\mathrm{r} = S_\mathrm{u}\frac{U_\mathrm{i}}{U_\mathrm{o}}$$

（8）输出电阻。

在输入电压和温度系数不变的情况下，输出电压变化量和负载电流变化量之比称为输出电阻。

$$R_{\mathrm{o}} = \frac{-\Delta U_{\mathrm{o}}}{\Delta I_{\mathrm{o}}}\bigg|_{\Delta T=0,\Delta U_{\mathrm{i}}=0}$$

式中，负号表示 ΔU_{o} 与 ΔI_{o} 变化方向相反。

（9）温度系数。

在输入电压和负载电流均不变的情况下，单位温度变化所引起的输出电压变化称为温度系数，又称温度漂移。

$$S_{\mathrm{T}} = \frac{\Delta T_{\mathrm{o}}}{\Delta T}\bigg|_{\Delta T=0,\Delta U_{\mathrm{i}}=0}$$

（10）纹波电压。

在额定工作电流的情况下，输出电压中的交流分量称为纹波电压。纹波电压有效值的符号为 U_{γ}，因为输出电压中的交流分量主要来自输入电压中的交流分量 $U_{i\gamma}$，所以 $U_{i\gamma}$ 可视为输入电压的变化量。显然，稳压电路本身会对这种变化量进行抑制，所以：

$$U_{\gamma} \approx S_{\mathrm{u}} U_{i\gamma}$$

有时也常用纹波抑制比来说明纹波电压的大小：

$$20\lg\left(\frac{U_{i\gamma}}{U_{\gamma}}\right)$$

显然纹波抑制比越大越好。上述其余几个指标越小越好。

2．在通电测试前进行检查

（1）检测降压变压器的绝缘电阻，以防止降压变压器漏电而危及人身或设备安全。可采用兆欧表测量初级绕组与次级绕组之间、各级绕组与接地屏蔽层之间、各级绕组与铁芯之间的绝缘电阻（应大于 $1000\mathrm{M}\Omega$），若用万用表的高阻挡检测，则示值应为无穷大。

（2）降压变压器的初级绕组和次级绕组不能反，否则会损坏降压变压器或使直流稳压电源发生故障。

（3）检查熔断器是否装入。

（4）整流二极管和滤波电容的极性不能接反。

（5）LM317 的输入端、输出端和公共端不能接错，特别是公共端不能开路，否则可能导致负载损坏。若输入端和输出端接反，则当输出端电压比输入端电压高7V以上时，将击穿内部调整管。

（6）保护二极管极性不能接反，否则不能起到保护作用。

（7）3DD15D的3个电极不能接错，两个类型相反的三极管9012（VT_3）和9013（VT_2）不能接反。

（8）输出端不能短路。

3．空载检查

（1）断开降压变压器与后级电路，接通220V交流电源，用万用表的交流电压挡测量降压变压器次级绕组的交流电压，应与设计值一致。再检查降压变压器通电后温度是否明显升高甚至发烫，若是，则说明降压变压器质量差，不能使用；若不是，则可进行下一步操作。

（2）断开滤波器与后级电路，将降压变压器与后级电路的连线恢复，接通220V交流电源，检查整流二极管是否发烫，用万用表的直流电压挡检测桥式整流电容滤波电路的输出直流电压是否与设计值一致。若无问题则可进行下一步操作。

（3）断开负载，将滤波器与后级电路的连线恢复，接通220V交流电源，测量输出电压是否与设计值一致。再检查稳压器输入端、输出端的电压差是否大于最小电压差（2～3V）。

4．直流稳压电源几个性能指标的测量

（1）测量最大输出电流I_M。

方法：令$R_L=\infty$，测试输出电压U_o。接上R_L，并逐渐减小R_L，直到U_o下降5%，此时的电流即I_M。

（2）测试U_o的调节范围。

方法：令$R_L=\infty$，调节R_3测试$U_{omin}\sim U_{omax}$。

（3）测量纹波电压。

方法：使$U_o=18V$、$I_o=200mA$。用交流毫伏表并接在负载两端测出纹波电压。

（4）测量输出电阻r_o。

调节R_3使$U_o=18V$，调节R_L使$I_{o1}=200mA$、$I_{o2}=25mA$。

测 $I_0 = 200\text{mA}$ 时的 U_{o1}，以及 $I_{o2} = 25\text{mA}$ 时的 U_{o2}。

根据表 3-6 计算 r_0。

表 3-6　直流稳压电源性能指标测试表

I_0	U_0	$\Delta I_0 = I_{o1} - I_{o2}$	$\Delta U_0 = U_{o1} - U_{o2}$	$r_0 = \Delta U_0 / \Delta I_0$
$I_{o1} = 200\text{mA}$	$U_{o1} =$	175 mA		
$I_{o2} = 25\text{mA}$	$U_{o2} =$			

3.4.6　故障及其诊断与排除方法

下面简要介绍直流稳压电源在安装调试过程中常出现的故障，及故障的诊断与排除方法。

（1）降压变压器故障。

故障现象一：降压变压器次级无交流电压输出。

产生原因：接线插头断路、电源开关断路、降压变压器损坏或熔断器熔断等。

查找方法：先测量降压变压器的初级是否有 220V 交流电压，从而判断故障点在降压变压器之前还是之后。若初级无 220V 交流电压，则说明是接线插头断路或电源开关断路；若初级有 220V 交流电压，则可取出熔断器测量，进一步查找故障源。

故障现象二：当 K 闭合时，指示灯不亮；当 K 断开时，指示灯亮。

产生原因：电源开关接反了。

（2）桥式整流电容滤波电路故障。

故障现象一：输出直流电压约为 $1.4U_2$（正常情况下应为 $1.2\,U_2$）。

产生原因：输出空载。

故障现象二：输出直流电压约为 $1U_2$（正常情况下应为 $1.2\,U_2$）。

产生原因：桥式整流电路中的二极管有一对没有正确接入电路，使电路变成半波整流电路。

故障现象三：输出直流电压约为 $0.9U_2$（正常情况下应为 $1.2\,U_2$）。

产生原因：滤波电容未能接入电路，滤波电路没有工作。

故障现象四：输出直流电压约为 $0.45U_2$（正常情况下应为 $1.2\,U_2$）。

产生原因：滤波电容未正确接入电路，导致电容滤波电路没有工作，而且桥式整流电路中的二极管有一对没有正确接入电路，使电路变成半波整流电路。

故障现象五：输出直流电压纹波过大，即脉动系数 S 太大。

产生原因：滤波电容不够大，或负载阻值太小。

（3）稳压器故障。

故障现象一：稳压器的输出电压与输入电压完全相等（正常情况下输出电压比输入电压小 2～3V）。

产生原因：可能是 LM317 的公共端开路。

故障现象二：稳压器电路的输出电压固定为 1.25V。

产生原因：R_3 被短路，使输出只能为 1.25V 的基准电压 U_{REF}。

故障现象三：电压表指示的输出电压 U_o 与 R_3 的变化相反，即 R_3 增大时输出电压变小，R_3 减小时输出电压变大。

产生原因：R_3 接反。

故障现象四：最大输出电流 I_M 太小。

产生原因：3DD15D 没有正常工作。

（4）保护电路故障。

故障现象：失去过流保护作用。

产生原因：VT_2 和 VT_3 接反或 VT_2 和 VT_3 的引脚接错。

3.4.7 整机装配

1. 认真仔细

在整机装配完成后，若发现装配不正确，须拆卸检查。因为有些元器件可能会在拆卸过程损坏，所以拆卸时务必认真仔细。

2. 电源开关

电源开关最易损坏，若不听讲解自行装配，装配正确率约为 40%。

先刮干净引脚上的氧化层再镀锡，以便于焊接。焊接时加热时间不能过长。

应按正确方向装入面板，面板装上后不能再取出，否则易损坏。

3. 接线柱

取金属垫片、塑料垫片。金属螺杆不能接触面板。红、黑螺杆螺纹不同，不可混淆。

先垫塑料垫片（绝缘），再垫金属垫片（加强度），再上螺帽，用工具拧紧，再上外面的螺帽。

接线柱如图 3-22 所示。

4. 保险座（组装难度最大）

先取帽子，再取螺帽，取一层垫片，留一层，从外面上到面板里面。垫一层垫片，再上螺帽，一定要用钳子拧紧。保险座如图 3-23 所示。

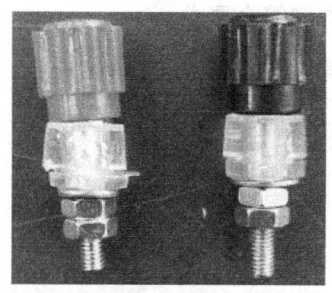

图 3-22 接线柱

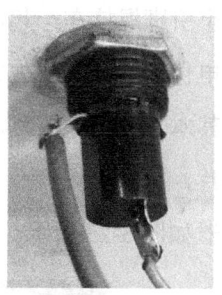

图 3-23 保险座

5. 电压表表头

电表表头从面板里面往外面装。用编织带压住电压表表头，螺钉从外面往里面装。螺帽不要拧得太紧，只要拧平就行，以便于后续装配，并避免拧破编织带。电压表表头如图 3-24 所示。

（a）正面

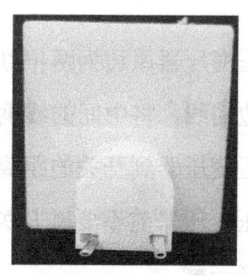

（b）反面

图 3-24 电压表表头

6．发光二极管

发光二极管从里往外装，用手摸到刚好有一点出头时的位置最好。

发光二极管长引脚端为正极。

利用编织带，上下用钻床（或用镊子）钻两个小孔，将发光二极管的两个引脚穿过小孔。先打发光二极管的孔，再打电压表表头的孔。

7．电位器

将电位器两边小耳朵弯进去，往里扣。

一般的旋钮顺时针旋转表示增加、逆时针旋转表示减小。使电位器螺杆面对自己，将左边两个引脚焊接在一起，就能保证旋钮的旋转方向符合要求。

先将电位器的引脚刮去氧化层再镀锡，将引脚稍往外压一点，从里往外装，以免与面板及其本身的外壳短路。使 3 个引脚处于上方，以便焊接。

上垫片，拧紧螺帽。

电位器如图 3-25 所示。

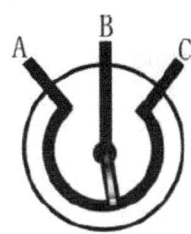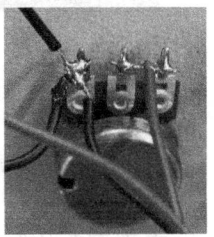

图 3-25　电位器

8．降压变压器

降压变压器原边为两根红线，接 220V 交流电源；副边为绿线，为双 9V（18V），使用两边的线，将中间的线剪掉。

降压变压器到开关的距离要近。

降压变压器前不要碰开关，后不要碰熔断器，熔断器内为弹簧，装上熔断器后会冒出来一截。

将降压变压器安装在印制电路板的合适位置处。可装散热孔，也可借用机脚孔，要保证不超出机壳。若用机脚孔，一定要用长螺钉。走线方便，美观。

9. 电源线

电源线从外穿入内，先打一个结，剥线时不要伤到里面的金属线，以避免短路（电压为 220V，危险）。

接线要尽量短（1mm），走线合理。一剥、二拧、三镀锡（多股软细导线）。

焊接完后不能裸露金属部分。

装配材料及使用的工具、装配示例和装配面板图分别如图 3-26～图 3-28 所示。

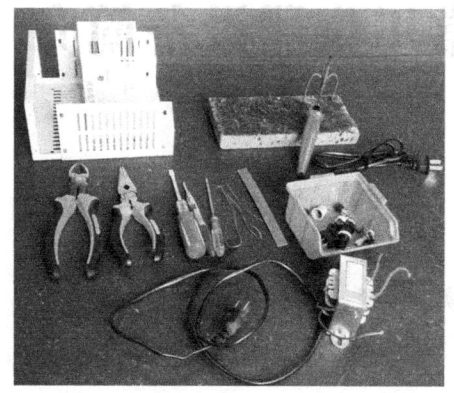 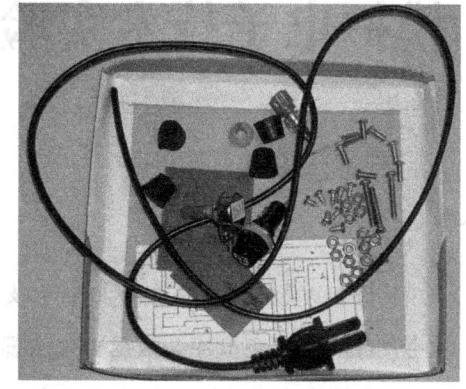

图 3-26　装配材料及使用的工具

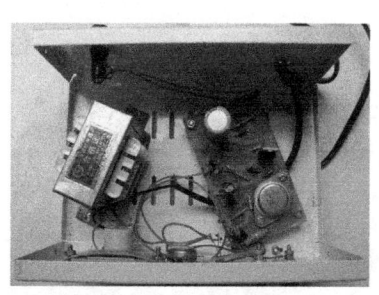 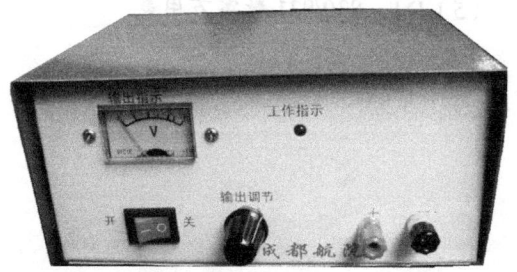

图 3-27　装配示例　　　　　　　图 3-28　装配面板图

3.4.8　项目拓展

（1）查阅资料，设计正、负两组可调输出集成稳压电源，要求输出电压可调范围分别为 1.25～18V，−18～−1.25V，最大输出电流为 1.5A。

（2）查阅资料，设计效率更高的开关稳压电源。

附录 A

模拟电子技术实验常用仪器设备简介

本章重点

（1）THDW-M1 型网络型模拟电子技术实验装置。

（2）TH-SG10 型数字合成信号发生器。

（3）智能真有效值交流数字毫伏表。

（4）RIGOL DS1052E 型数字示波器。

（5）DT－830/831 数字万用表。

A.1　THDW-M1 型网络型模拟电子技术实验装置

A.1.1　概述

THDW-M1 型网络型模拟电子技术实验装置是依据目前我国"模拟电子技术"教学实验大纲的要求，及各高等院校对该教学实验设备的需求和建议，由浙江天煌科技实业有限公司开发的网络型实验装置。

THDW-M1 型网络型模拟电子技术实验装置如图 A-1 所示，该装置由双组模拟电路实验板、总电源开关、漏电保护器、智能直流电压表（带 RS485 通信接口）、智能直流电流表（带 RS485 通信接口）、直流稳压电源、数字合成信号发生器（带 RS485 通信接口）、数字示波器等部分组成。所有仪器仪表均带通信接口，以便与 PC 进行通信。

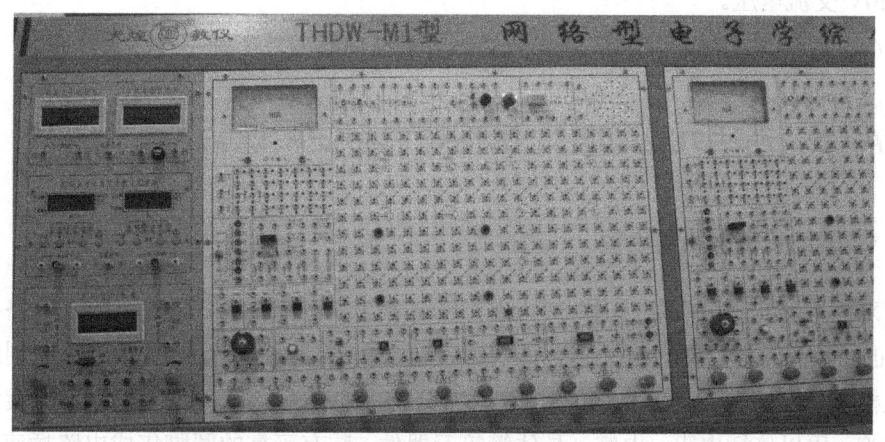

图 A-1　THDW-M1 型网络型模拟电子技术实验装置

A.1.2　实验桌

实验桌上有一个较宽畅的工作台面，用于安装实验控制屏；实验桌的正前方设有抽屉，用于放置实验导线；实验桌的左、右两侧各可附加一个搁板，用于放置电脑显示器与示波器。实验控制屏上共有两组相同的实验区块，可同时开设两组模拟电子技术实验。

A.1.3　主要技术指标

（1）电源：单相三芯，220V（±10%），50Hz。

（2）工作环境：温度为-10℃～40℃，相对湿度小于85%（25℃），海拔小于4000m。

（3）绝缘电阻：大于3MΩ。

（4）漏电保护：漏电动作电流不大于30mA，动作时间不大于0.1s。

（5）装置容量：小于200VA。

（6）外形尺寸：1500mm×1420mm×805mm。

A.1.4　实验控制屏的启动与关闭及交流电源的控制

（1）先将实验控制屏上的所有开关均置于关状态，再将装置左后侧的单相三芯电源插头插入220V单相交流电源插座。

（2）将"漏电保护器"开关置于"ON"处，实验控制屏两侧单相双联暗插座输出220V交流电压。

（3）当关闭实验控制屏电源时，将"漏电保护器"开关置于"OFF"处。

A.1.5　各单元的功能、结构特点与使用说明

1．双组模拟电路实验板

双组模拟电路实验板采用511mm×380mm×2mm的聚酯单面敷铜印制电路板制成，正面装有元器件并印有元器件的符号及相应的连接线条，反面是相应的印制线路。双组模拟电路实验板上装有400多个锁紧式防转叠插座，以及近千只可靠的镀银长紫铜管，用以接插电阻、电容、晶体管等元器件；装有可靠的圆脚集成电路插座（8P 2个、14P 1个、16P 1个等），100Ω、470Ω、1kΩ、10kΩ、47kΩ、100kΩ、470kΩ、1MΩ电位器及10kΩ双联电位器；还装有镜面指针式毫安表（量程为1mA）、继电器、磁罐振荡线圈、钮子开关、按钮开关、多抽头变压器、整流二极管、整流桥堆、稳压二极管、电容、三端集成稳压器、单向晶闸管、双向晶闸管、带限流电阻的LED指示器、单结晶体管、12V信号灯、光敏电阻、光敏二极管、光敏三极管、8W功率电阻、中功率场效应管、PMOS场效应管、N型沟道场效应管、双向击穿二极管及蜂鸣器等元器件，以备实验时选用，其中部分元器件如图A-2至图A-8所示。上述所

有的插座及元器件的引脚均已与锁紧式防转叠插座相连接，实验时只要用锁紧插头线依照电路原理图进行连接即可，为了方便接线，在双组模拟电路实验板上还设置了测试弯针，用以钩挂示波器探头。

图 A-2 圆脚集成电路插座

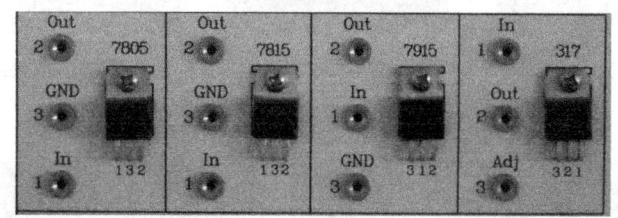

图 A-3 三端集成稳压器（7805、7815、7915、317）

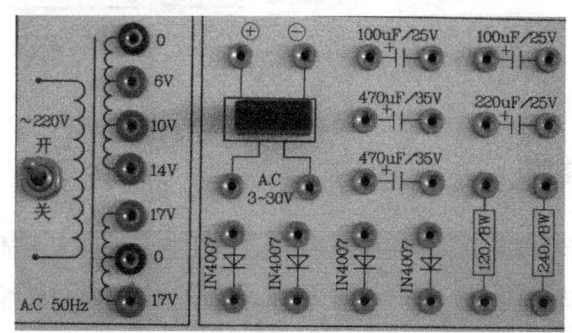

图 A-4 多抽头变压器、整流桥堆、整流二极管、电容、8W 功率电阻

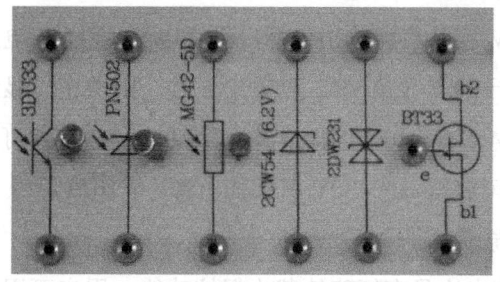

图 A-5 光敏三极管、光敏二极管、光敏电阻、稳压二极管、双向击穿二极管、单结晶体管

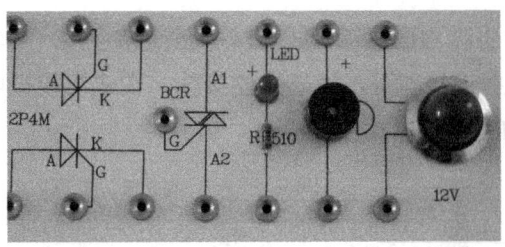

图 A-6　单向晶闸管、双向晶闸管、带限流电阻的 LED 指示器、蜂鸣器、12V 信号灯

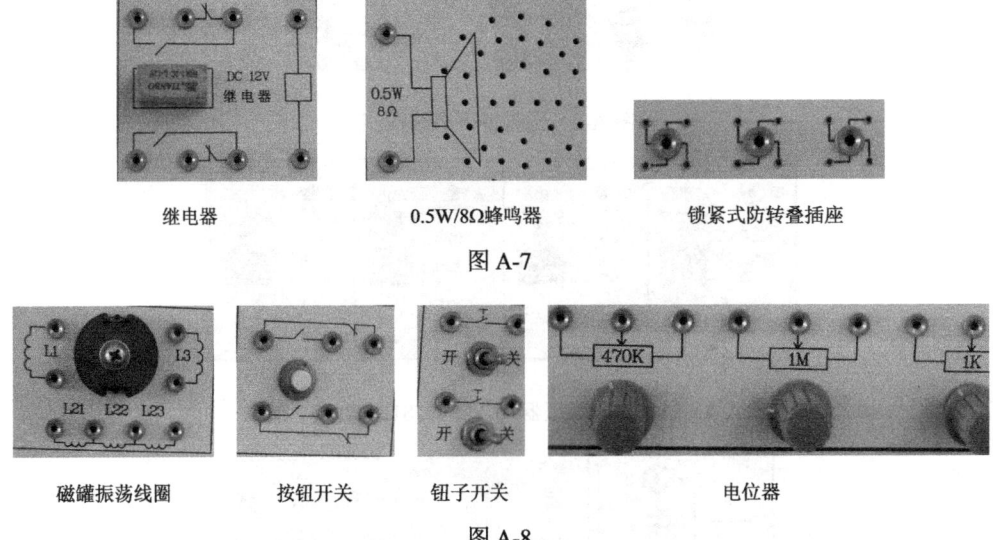

继电器　　　　　0.5W/8Ω蜂鸣器　　　　　锁紧式防转叠插座

图 A-7

磁罐振荡线圈　　　按钮开关　　　钮子开关　　　　　电位器

图 A-8

2. 直流稳压电源

（1）+5V 固定输出电源，额定电流为 1A，输出指示灯亮表示插孔处有电压输出。

（2）−5V 固定输出电源，额定电流为 1A，输出指示灯亮表示插孔处有电压输出。

（3）+12V 固定输出电源，额定电流为 1A，输出指示灯亮表示插孔处有电压输出。

（4）−12V 固定输出电源，额定电流为 1A，输出指示灯亮表示插孔处有电压输出。

（5）两路 0～30V 连续可调输出电源，额定电流为 1A，电压稳定度小于或等于 0.3%，电流稳定度小于或等于 0.3%。若输出正常，则操作"显示切换"开关可使数显电压表分别指示 UA 或 UB 电压值。若将两路 0～30V 连续可调输出电源串联，并令其公共点接地，则可获得−30～30V 可调的电源；若串联后令"−"端接地，则可获得 0～60V 可调的电源。

这 6 路电源的输出均具有短路软截止保护功能。用户可用实验控制屏上的智能直流电压表来测试直流稳压电源（见图 A-9）的输出及其调节性能。

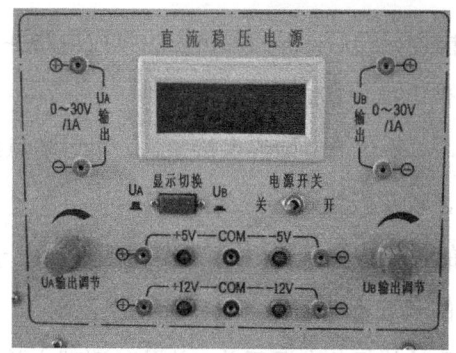

图 A-9　直流稳压电源

3. 智能直流电压表

智能直流电压表（见图 A-10）能测量直流电压，测量范围为 $0 \sim 200V$，量程自动判断、自动切换，三位半数显，输入阻抗为 $10M\Omega$，基本精度为 $\pm 0.5\% \pm 2$ 个字。

4. 智能直流电流表

智能直流电流表（见图 A-10）能测量直流电流，测量范围为 $0 \sim 2A$，量程自动判断、自动切换，三位半数显，基本精度为 $\pm 0.5\% \pm 2$ 个字。

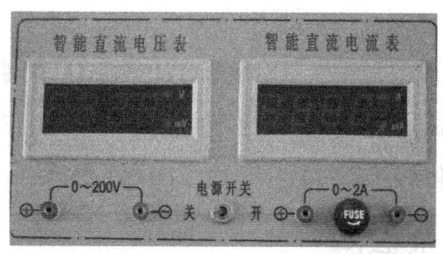

图 A-10　智能直流电压表和智能直流电流表

5. 数字合成信号发生器（详见 A.2）

6. 智能真有效值交流数字毫伏表（详见 A.3）

A.1.6　使用注意事项

（1）接线前务必熟悉实验装置上各仪器仪表及元器件的功能、参数及其接线位置，特别要熟知各集成电路引脚的排列方式及接线位置。

（2）接线前必须先断开总电源开关与各分电源开关，严禁带电接线。

（3）接线完毕并经检查无误后，再插入相应的集成电路并通电，只有在断电后方可插拔集成电路，严禁带电插拔集成电路。

（4）在实验过程中，实验台上要始终保持整洁，不可随意放置杂物，特别是导电的工具和多余的导线等，以免发生短路等故障。

（5）本实验装置上的各挡直流稳压电源仅供实验使用，一般不外接其他负载。如作他用，则要注意使用的负载不能超出本电源的使用范围。

（6）实验完毕后应及时关闭各电源开关，并及时清理实验台，整理好连接导线并将其放置到规定的位置。

（7）实验时需要由外部设备交流供电的仪器的外壳应妥当接地。

A.2 TH-SG10 型数字合成信号发生器

A.2.1 概述

TH-SG10 型数字合成信号发生器附属于 THDW-M1 型网络型模拟电子技术实验装置，是一台精密的测试仪器，具有输出函数信号、调频、FSK、PSK、频率扫描等功能，其各功能的实现依赖于直接数字合成（DDS）技术。

A.2.2 主要技术指标

1. 波形特性

波形：正弦波、方波、TTL 波。

波形幅度分辨率：12bit。

采样速率：200Msa/s。

正弦波失真度：小于或等于 1%（f 为 20Hz～100kHz）。

方波升降时间：小于或等于 25ns。

正弦波谐波失真度、正弦波失真度、方波升降时间的测试条件：输出幅度为 2V（高阻），环境温度为 25℃±5℃。

2．频率特性

频率范围：10mHz～10MHz。

频率分辨率：1μHz。

频率误差：$-5×10^{-5}$～$5×10^{-5}$。

频率稳定度：优于$±1×10^{-5}$。

3．幅度特性

幅度范围：2mV～20V（高阻），1mV～10V（50Ω）。

最高分辨率：2μV（高阻），1μV（50Ω）。

幅度误差：－1%～1%（+0.2mV）（频率为 1kHz 的正弦波）。

幅度稳定度：±0.5%/3h。

平坦度：幅度≤2 V 时平坦度为±3%（频率≤1MHz）或±10%（频率≤10MHz）。

　　　　幅度＞2 V 时平坦度为±5%（频率≤1MHz）或±10%（频率≤10MHz）。

输出阻抗：50Ω。

幅度（峰-峰值）单位：V、mV。

A.2.3　面板说明

1．前面板图

TH-SG10 型数字合成信号发生器的前面板图如图 A-11 所示。

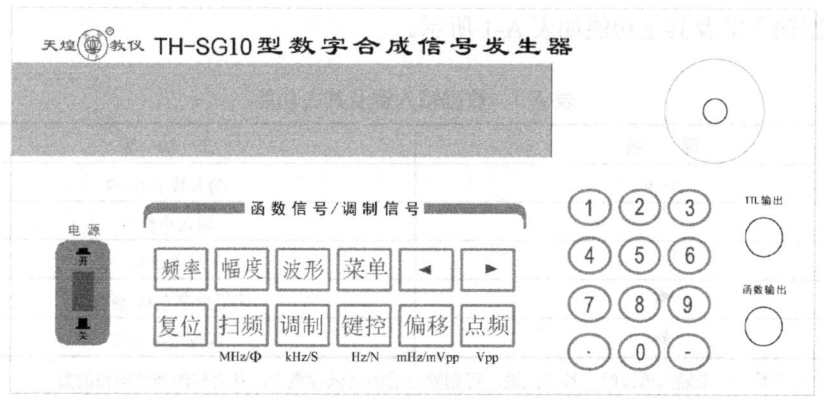

图 A-11　TH-SG10 型数字合成信号发生器的前面板图

（图中单位"S"应为"s"，"mVpp""Vpp"应为"mV""V"）

2．显示说明

信号发生器的显示面板如图 A-12 所示。

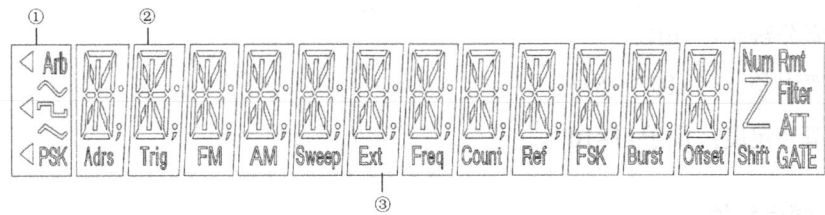

图 A-12　信号发生器的显示面板

① 波形显示区。

～：主波形/载波为正弦波。

⊓：主波形/载波为方波。

⌒：调制信号的波形为三角形波。

② 主字符显示区。

③ 状态指示区。

FM：调频功能模式。

Sweep：扫描功能模式。

FSK：频移键控功能模式。

PSK：相移键控功能模式。

3．按键说明

（1）数据输入键。

数据输入键及其主功能如表 A-1 所示。

表 A-1　数据输入键及其主功能

键　名	主　功　能
0～9	输入数字 0～9
．	输入小数点
－	输入负号
◀	闪烁数字左移/删除[①]
▶	闪烁数字右移

①当输入了数字但未输入单位时，按下此键，可删除当前的最低位数字，从而修改当前输错的数。

（2）功能键。

功能键及其主功能如表 A-2 所示。

表 A-2 功能键及其主功能

键 名	主 功 能	单 位
频率	频率选择	无
幅度	幅度选择	无
波形	正弦波/方波波形切换	无
菜单	当进入 FSK、PSK、调频、扫频模式时,可通过"菜单"键选择各功能的不同选项,并改变相应选项的参数	无
复位	初始化(输出频率为 10 kHz 的正弦波)	无
扫频	扫频功能选择	MHz/Φ
调制	调制功能选择	kHz/s
键控	FSK/PSK 模式切换	Hz /N
偏移	直流偏移选择	mHz/mV
点频	点频功能选择	V

(3)按键功能。

每个按键的基本功能都标在该按键上,想要实现某个按键的基本功能,只需要按下该按键即可。

部分按键的下方标示了单位,当先按下数字键,再按下此类按键,即可设定单位。

A.2.4 使用说明

1. 仪器启动

按下前面板上的电源按钮,接通电源。之后根据系统功能中的开机状态设置,进入"点频"功能模式,波形显示区显示当前正弦波波形"～",频率为 10kHz。

2. 数据输入

数据输入有两种方式。

(1)用数据输入键输入:"0～9"用来向主字符显示区写入数据。写入方式为自左向右移位写入。"·"用来输入小数点,如果主字符显示区中已经有小数点,则按此键不起用。"-"用来输入负号。使用数据输入键只是把数据写入主字符显示区,这时数据并没有生效,所以如果写入的数据有错,可以按删除键,然后重新写入,对仪器输出信号没有影响。在确认输入数据完全正确之后,按一次单位键,这时数据开始生效,仪器将根据字符显示区的数据输出信号。在输入数据时可以使用小数点和单位键任意搭配,仪器将会按照统一的形式将数据显示出来。

注意：用数据输入键输入数据必须输入单位，否则输入的数值不起作用。

（2）调节旋钮输入：调节旋钮可以对信号进行连续调节。按"◀"或"▶"使当前闪烁的数字左移或右移，这时顺时针转动旋钮可使正在闪烁的数字连续加1，并能向高位进位；逆时针转动旋钮可使正在闪烁的数字连续减1，并能向高位错位。在调节旋钮输入数字时，数字改变后立即生效，不用再按单位键。闪烁的数字若向左移动，则可以对数字进行粗调；若向右移动，则可以对数字进行细调。

当不再需要使用旋钮时，可以通过按"◀"或"▶"使闪烁的数字消失，这时转动旋钮不再有效。

3．点频功能模式

仪器开机后为"点频"功能模式，输出单一频率的基本波形（正弦波/方波）。

（1）频率设定：按"频率"键，显示出当前频率值，可用数据输入键或调节旋钮输入频率值，这时仪器输出端口有该频率的信号输出。点频频率设置范围为1mHz～10MHz。

例如，设定频率值为5.8kHz，按键顺序为"频率"→"5"→"."→"8"→"kHz"（也可以用调节旋钮输入）或者"频率"→"5"→"8"→"0"→"0"→"Hz"（也可以用调节旋钮输入），字符显示区都显示5.8000000kHz。

（2）幅度设定：按"幅度"键，显示出当前幅度值。可用数据输入键或调节旋钮输入幅度值，这时仪器输出端口有该幅度的信号输出。

例如，设定幅度值（峰-峰值）4.6V，按键顺序为"幅度"→"4"→"."→"6"→"Vpp"（也可以用调节旋钮输入）。

A.3　智能真有效值交流数字毫伏表

A.3.1　概述

智能真有效值交流数字毫伏表（见图 A-13）附属于 THDW-M1 型网络型模拟电子技术实验装置，是一种新型高精度毫伏表，它内部带有微处理器，面板上各键的操作控制、内部数据的计算、内部状态的设置均由微处理器来控制，并通过 4 位数码管和一组发光二极管将当前的状态和测量结果清晰地显示在面板上。

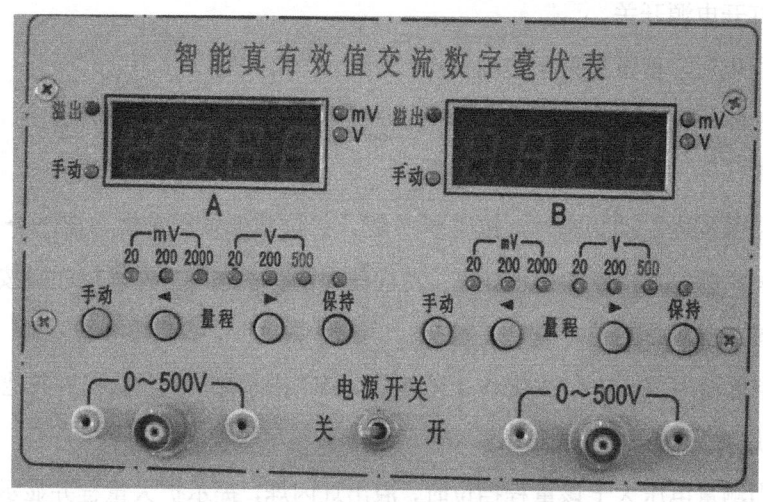

图 A-13 智能真有效值交流数字毫伏表

智能真有效值交流数字毫伏表采用了浮地设计，提高了实验装置的可靠性和安全性，具有测量的电压频率范围宽、灵敏度高、噪声低、测量误差小的优点，并具有良好的线性度，共设有 6 挡量程，可使测量结果更精确。

A.3.2 主要性能指标

（1）测量电压范围：1mV～500V。

（2）测量电压频率范围：5Hz～2MHz。

（3）固有误差（在基准条件下）。

① 电压测量误差：±1%读数值±8 个字。

② 频率影响误差：20Hz～1MHz 的为±2%，5Hz～3MHz 的为±3%。

（4）工作误差。

① 电压测量误差：±1.5%。

② 频率影响误差：10Hz～1MHz 的为±3%，5Hz～2MHz 的为±5%。

（5）输入阻抗：1MΩ//40pF（不包括电缆线）

（6）噪声电压（在输入端良好短路时）：≤2 个字。

A.3.3　使用方法

（1）打开电源开关。

（2）通电后，使量程处于自动状态。

（3）每按一次"手动"键，量程在自动与手动之间切换，为手动状态时，"手动"的指示灯亮。

（4）当量程为手动状态时，按"◀"键，挡位向低量程转换，按"▶"键，挡位向高量程转换，且相应的指示灯亮；当量程为自动状态时，无须按此组按键，仪器将自动选择最佳量程挡位。

（5）当量程为 20mV 和 200mV 挡位时，"mV"指示灯亮；当量程为其他挡位时，"V"指示灯亮。

（6）当测量电压大于该量程挡位时，溢出灯闪烁，提示扩大量程并显示全"8"。

（7）按"保持"键，测量显示窗口将一直显示当前值。

A.4　RIGOL DS1052E 型数字示波器

A.4.1　概述

RIGOL DS1052E 型数字示波器是双输入通道加一个外触发输入通道的便携式通用数字示波器。

为加速调整、便于测量，用户可直接按"AUTO"按钮，以获得适合的波形显现或进行挡位设置。

A.4.2　主要性能特点和主要技术规格

RIGOL DS1052E 型数字示波器的主要性能特点如下。

① 具有双模拟通道，每个通道的带宽为 50Mbit/s。

② 具有 16 个数字通道，可独立接通或关闭通道。

③ 具有高清晰彩色液晶显示系统，分辨率为 320px×234px。

④ 支持即插即用闪存式 USB 存储设备及 USB 接口打印机，并可通过 USB 存储设备进行软件升级。

⑤ 模拟通道的波形亮度可调。

⑥ 可自动设置波形、状态。

⑦ 具有精细的延迟扫描功能，可轻易兼顾波形细节与概貌。

⑧ 可自动测量 20 种波形参数。

⑨ 具有独特的波形录制和回放功能。

⑩ 具有多重波形数学运算功能。

RIGOL DS1052E 型数字示波器的主要技术规格如表 A-3 所示。

表 A-3　RIGOL DS1052E 型数字示波器的主要技术规格

输　　入	
输入耦合	直流、交流或接地（DC、AC、GND）
输入阻抗	1MΩ（±2%），与 15pF±3pF 的电容并联
探头衰减系数设定	1X、5X、10X、50X、100X、500X、1000X
最大输入电压	400V（DC+AC 峰值、1MΩ 输入阻抗）
	40V（DC+AC 峰值）
通道间时间延迟（典型值）	500ps
显　　示	
显示类型	对角线为 145mm（5.7in）的 TFT 液晶显示
显示分辨率	320px（水平）×RGB×234px（垂直）
显示色彩	64K 色
对比度（典型值）	150:1
背光强度（典型值）	300 nit
探头补偿器输出	
输出电压（典型值）	约 3V
频率（典型值）	1kHz
电　　源	
电压，频率	100～240 V AC RMS，45～440Hz，CAT II
功耗	小于 50W
熔断器	2A，T 级，250V
环　　境	
温度范围	操作：10℃～40℃
	非操作：−20℃～60℃
冷却方法	风扇强制冷却
湿度范围	35℃以下：≤90%相对湿度
	35℃～40℃：≤60%相对湿度
海拔	操作：3000m 以下
	非操作：15 000m 以下

A.4.3 前面板和显示界面

RIGOL DS1052E 型数字示波器的前面板上有旋钮和功能按钮。其中，旋钮的功能与其他示波器中的类似。显示屏右侧的一列（5 个）灰色按键为菜单操作键（自上而下定义为 1 号至 5 号），通过它们可以设置当前菜单的不同选项；其他按钮为功能按钮，通过功能按钮可以进入不同的功能菜单或直接获得特定的功能应用。

DS1000E 系列前面板图如图 A-14 所示，显示界面说明图（仅模拟通道打开）如图 A-15 所示。

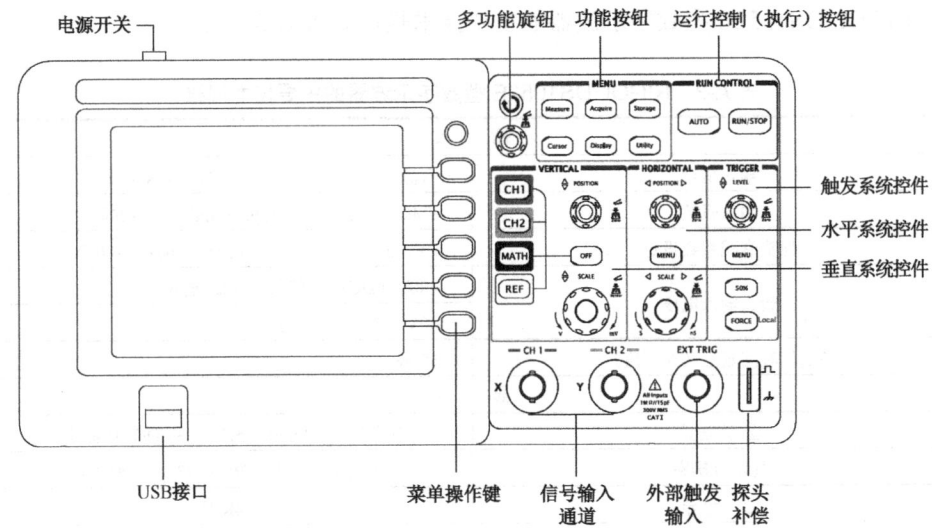

图 A-14　DS1000E 系列前面板图

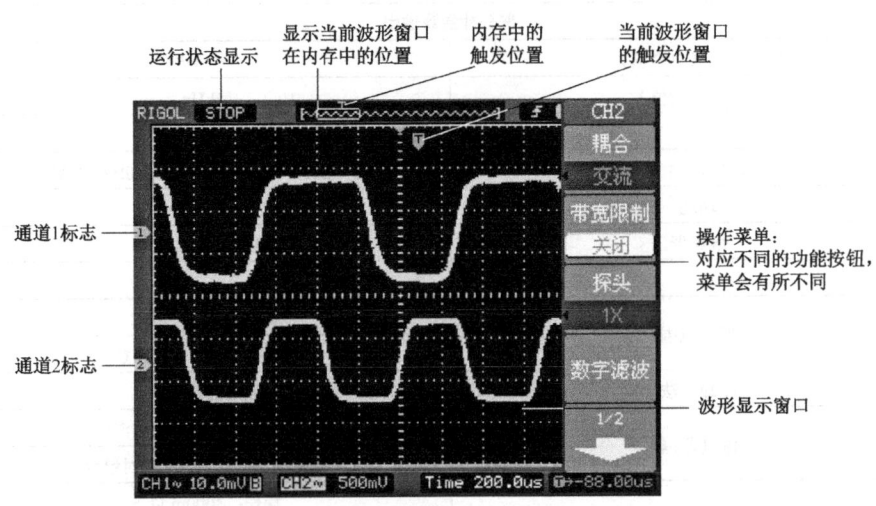

图 A-15　显示界面说明图（仅模拟通道打开）

A.4.4　快速检测示波器功能的基本方法

1．接通仪器电源

电源：交流电压为 100～240 V，频率为 45～440Hz。

⚠ **警告**：为避免电击，请确认示波器已经正确接地。

2．示波器接入信号并显示波形

（1）用示波器探头将信号接入通道 1（CH1）：将探头上的开关设定为"10X"，并将示波器探头与通道 1 连接（见图 A-16）。将探头连接器上的插槽对准通道 1 同轴电缆插接件（BNC）上的插口并插入，然后向右旋转以拧紧探头。

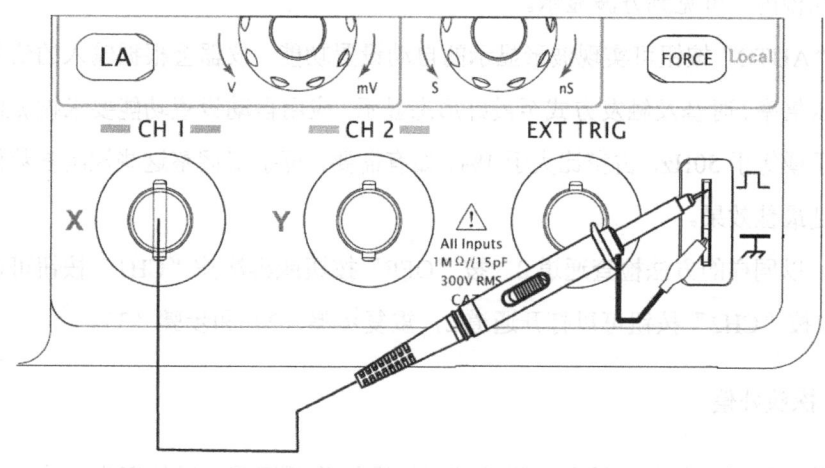

图 A-16　探头补偿连接

注意：由于示波器的输入阻抗是被测电路的负载，所以示波器被接入被测电路后会对被测电路带来一定影响。这样，在屏幕上显示的波形就会失真，尤其是在测量高速脉冲时，示波器的输入电容有时会带来不被允许的影响。因此，合理使用探头可减小示波器输入阻抗对被测电路的影响。

（2）使用示波器需要设定探头衰减系数（见图 A-17）。此衰减系数可改变仪器的垂直挡位比例，从而使得测量结果正确反映被测信号的电平（默认的探头衰减系数为"×1"）。设置探头衰减系数的方法如下：按"CH1"按钮显示通道 1 的操作菜单，应用与探头项目平行的 3 号菜单操作键，选择与当时使用的探头同比例的衰减系数。

此时设定应为"10X",如图 A-18 所示。

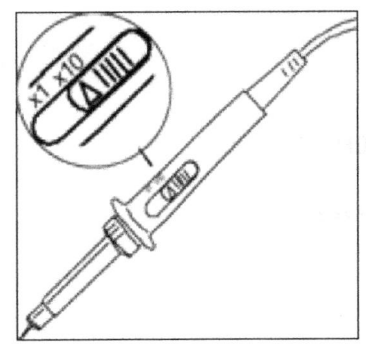
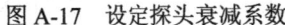

图 A-17　设定探头衰减系数

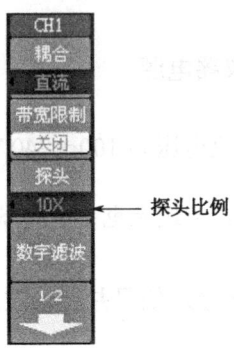

图 A-18　设定示波器操作菜单中的探头衰减系数

（3）把探头端部和接地夹接到探头补偿器的连接器上。按"AUTO"（自动设置）按钮。几秒内,可见到方波显示。

按"AUTO"按钮可实现波形显示的自动设置功能。仪器会根据输入的信号自动调整电压倍率、时基及触发方式至最好形态显示。应用自动设置功能要求被测信号的频率大于或等于 50Hz,占空比大于 1%。如有需要,可手工调整这些控制参数使波形显示达到最佳效果。

（4）以同样的方法检查通道 2。按"OFF"按钮或再次按"CH1"按钮可以关闭通道 1,按"CH2"按钮可以打开通道 2,重复步骤（2）和步骤（3）。

3. 探头补偿

在首次将探头与任一输入通道连接时,进行此项调节,以使探头与输入通道相匹配。使用未经补偿或补偿有偏差的探头会导致测量误差或错误。调整探头补偿的步骤如下。

（1）将示波器探头衰减系数设定为"10X",将探头上的开关设定为"×10",并将示波器探头与通道 1 连接。如使用探头钩形头,应确保其与探头接触紧密。

（2）将探头端部与探头补偿器的信号输出连接器相连,基准导线夹与探头补偿器的地线连接器相连,打开通道 1,然后按"AUTO"按钮。

（3）检查所显示的波形的形状。

（4）如有必要,可用非金属质地的改锥调整探头上的可变电容,直到屏幕上显示的波形如图 A-19（b）所示。

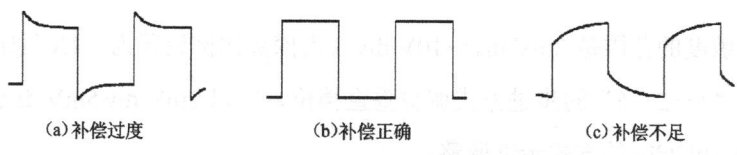

(a)补偿过度　　　　　　(b)补偿正确　　　　　　(c)补偿不足

图 A-19　探头补偿调节

⚠**警告**：为避免使用探头时被电击，请确保探头的绝缘导线完好，并且连接高压电源时请不要接触探头的金属部分。请勿在探头或测试导线与电源相连的情况下进行插拔操作。

A.4.5　示波器主要控件使用方法

1. 垂直系统（VERTICAL）控件

垂直系统控件如图 A-20 所示。

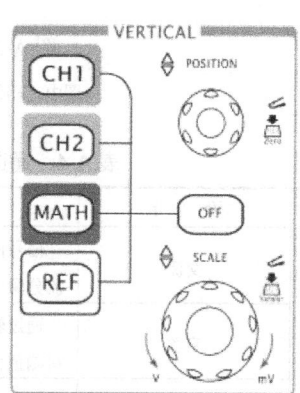

垂直系统控件：
垂直⚙POSITION
垂直⚙SCALE

CH1
CH2
MATH
REF
OFF

图 A-20　垂直系统控件

按"CH1""CH2""MATH""REF"按钮，屏幕显示对应通道的操作菜单、标志、波形和挡位状态信息。按"OFF"按钮，关闭当前选择的通道。

（1）垂直⚙POSITION——调整信号的垂直显示位置。

旋转"POSITION"旋钮，可调整信号的垂直显示位置，指示通道地（GROUND）的标识跟随波形上下移动（常用于使信号垂直居中显示）。

按"POSITION"按钮，双模拟通道垂直位置恢复到零点（快捷键）。

（2）垂直⚙SCALE——调节"Volt/div"（伏/格）垂直挡位。

旋转"SCALE"旋钮，可调节"Volt/div"（伏/格）垂直挡位。

按"SCALE"按钮，可快捷设置输入通道的"Coarse/Fine"（粗调/微调）状态。

垂直灵敏度的范围是 2mV/div～10V/div（当探头比例设置为"1X"时）。

粗调以"1－2－5"的步进方式调整垂直挡位，即以 2mV/div,5mV/div,10mV/div, 20mV/div,…,10V/div 的方式步进调整。

（3）通道设置。

通道设置菜单如图 A-21 所示，通道设置菜单中的功能选项如表 A-4 所示。

图 A-21　通道设置菜单

（图中"档位调节"应为"挡位调节"）

表 A-4　通道设置菜单中的功能选项

功能选项	设　定	说　明
耦合	交流	信号的直流分量被滤除，这种方式便于用更高的灵敏度显示信号的交流分量
	直流	通过输入信号的交流和直流成分。通过观察波形与信号地之间的差距可测量信号的直流分量
	接地	断开输入信号
带宽限制	打开	限制带宽至 20MHz，以减少显示噪音
	关闭	满带宽
探头	1X,5X,10X,50X,100X, 500X,1000X	根据探头衰减系数选取其中一个值，以保持垂直标尺读数准确。500X 表示探头衰减系数为 500:1，其他的以此类推
数字滤波		设置数字滤波
（下一页）	1/2	进入下一页菜单（以下均同，不再说明）
（上一页）	2/2	返回上一页菜单（以下均同，不再说明）
挡位调节	粗调（Coarse）	按"1－2－5"的步进方式调整垂直挡位
	微调（Fine）	在粗调设置范围之间进一步细分，以改善垂直分辨率
反相	打开	打开波形反相功能
	关闭	波形正常显示

设置通道耦合。以通道 1 为例，假设被测信号是一个含有直流分量的正弦信号。

选择"CH1"→"耦合"→"交流"选项，设置为交流耦合状态（见图 A-22），被测信号中含有的直流分量被阻隔。

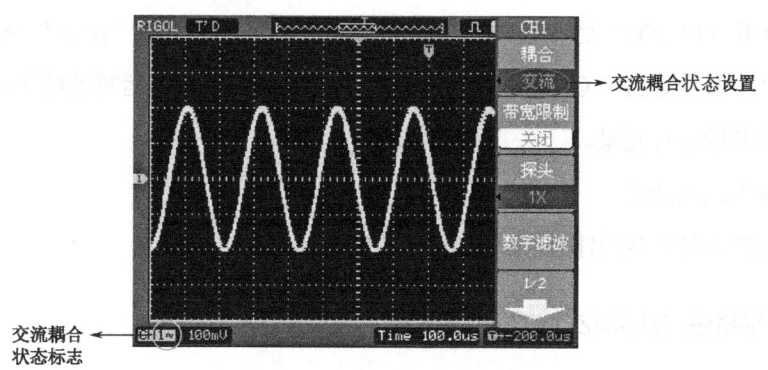

图 A-22　交流耦合状态设置

选择"CH1"→"耦合"→"直流"选项,设置为直流耦合状态(见图 A-23),被测信号中含有的直流分量和交流分量都可以通过。

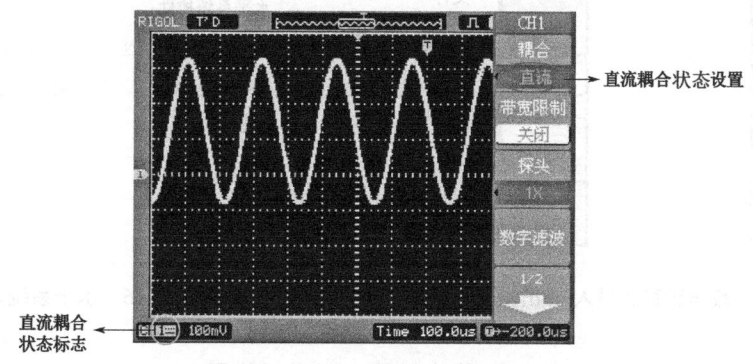

图 A-23　直流耦合状态设置

选择"CH1"→"耦合"→"接地"选项,设置为接地耦合状态(见图 A-24),被测信号中含有的直流分量和交流分量都被阻隔。

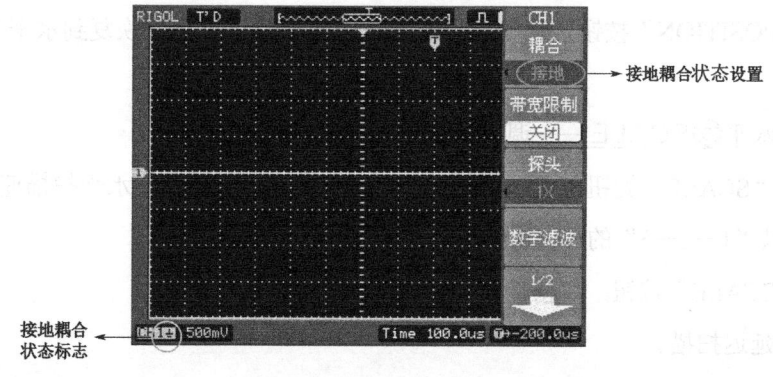

图 A-24　接地耦合状态设置

（4）数学运算。

数学运算（MATH）功能是显示通道 1 和通道 2 的波形相加"A+B"、相减"A−B"、相乘"A×B"及 FFT（快速傅立叶变换）运算的结果。数学运算的结果同样可以通过栅格或游标进行测量。

（5）导入/导出操作。

数学运算和导入/导出操作菜单如图 A-25 所示。

2．水平系统（HORIZONTAL）控制

水平系统控件如图 A-26 所示。

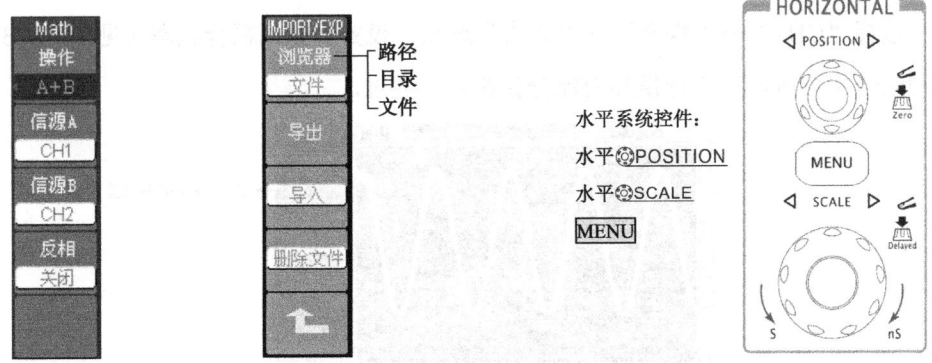

图 A-25　数学运算和导入/导出操作菜单　　　　图 A-26　水平系统控件

（1）水平◎POSITION——调整信号的水平显示位置。

旋转"POSITION"旋钮，可调整信号的水平显示位置（常用于使信号水平居中显示），还可控制信号的触发位移。当应用于触发位移时，可以观察到波形随旋钮的旋转而水平移动。

按"POSITION"按钮，将触发点位置（或延迟扫描位置）恢复到水平零点（快捷按钮）。

（2）水平◎SCALE——调节水平挡位。

旋转"SCALE"旋钮，可调节"s/div"（秒/格）水平挡位，水平扫描速度从 2ns 至 50s，以"1−2−5"的形式步进。

按"SCALE"按钮，可快捷切换到延迟扫描状态。

（3）延迟扫描。

按"MENU"按钮，可显示延迟扫描菜单。

延迟扫描菜单如图 A-27 所示，延迟扫描菜单中的功能选项如表 A-5 所示。

图 A-27　延迟扫描菜单

表 A-5　延迟扫描菜单中的功能选项

功能选项	设定	说明
延迟扫描	开启	开启波形延迟扫描
	关闭	关闭波形延迟扫描
时基	Y-T	显示垂直电压与水平时间的相对关系
	X-Y	在水平轴上显示通道 1 的幅值，在垂直轴上显示通道 2 的幅值
	ROLL	示波器从屏幕右侧向左侧滚动更新波形采样点
采样率		显示系统采样率
触发位移复位		将触发点位置（或延迟扫描位置）恢复到水平零点

延迟扫描用来放大一段波形，以便查看图像细节。延迟扫描示意图如图 A-28 所示。

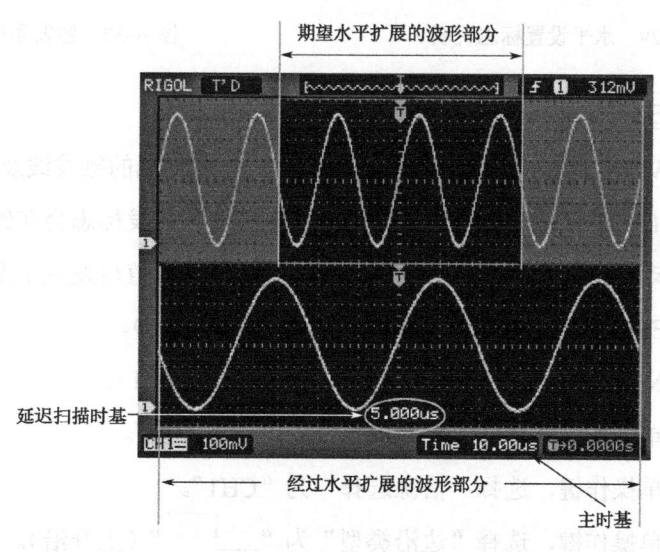

图 A-28　延迟扫描示意图

水平设置标志说明如图A-29所示。

① 当前的波形视窗在内存中的位置。

② 触发点在内存中的位置。

③ 触发点在当前波形视窗中的位置。

④ 水平时基（主时基）显示，即"s/div"（秒/格）。

⑤ 触发点位置相对于视窗中点的水平距离。

3．触发系统（TRIGGER）控件

触发系统控件如图 A-30 所示。

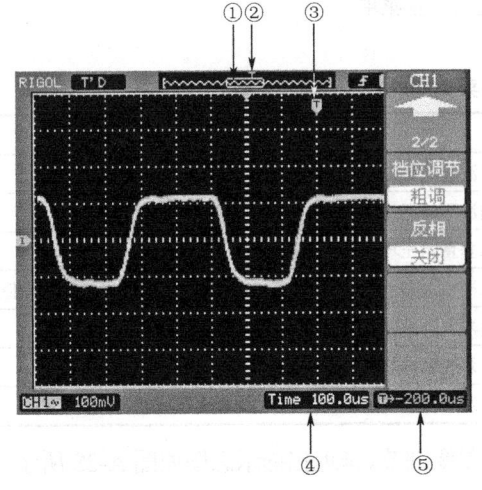

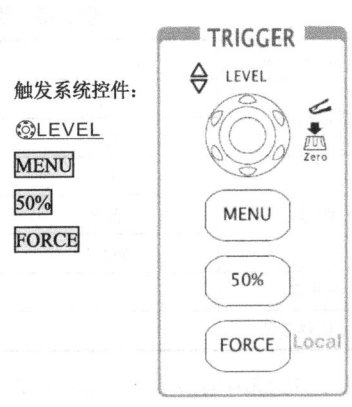

图 A-29　水平设置标志说明　　　　图 A-30　触发系统控件

（1）⊙LEVEL ——改变触发电平。

旋转"LEVEL"旋钮，可以发现屏幕上出现一条橘红色的触发线及触发标志，其随旋钮的旋转而上下移动。停止旋转旋钮，此触发线和触发标志会在约 5s 后消失。在使触发线移动的同时，可以观察到屏幕上触发电平的数值也发生了变化。

按"LEVEL"按钮，触发电平恢复到零点（快捷按钮）。

（2）"MENU"按钮——调出触发操作菜单（见图 A-31）。

按 1 号菜单操作键，选择"触发模式"为"边沿触发"。

按 2 号菜单操作键，选择"信源选择"为"CH1"。

按 3 号菜单操作键，选择"边沿类型"为"＿＿╱￣ "（上升沿）。

按 4 号菜单操作键，选择"触发方式"为"自动"。

按 5 号菜单操作键，进入"触发设置"二级菜单，可对触发的耦合方式、触发灵敏度和触发释抑时间进行设置。

触发释抑时间是指重新启动触发电路的时间间隔。旋转多功能旋钮（↻），可设置触发释抑时间。

（3）按"50%"按钮，可设定触发电平在触发信号幅值的垂直中点。

（4）按"FORCE"按钮，强制产生一个触发信号，主要应用于触发方式中的"普通"和"单次"方式。

图 A-31　触发操作菜单

触发模式有边沿触发、脉宽触发、视频触发、斜率触发、交替触发 5 种。

边沿触发：当触发输入沿给定方向通过某一给定电平时，边沿触发发生。

脉宽触发：设定一定的触发条件捕捉特定脉冲。

视频触发：对标准视频信号进行场或行视频触发。

斜率触发：根据信号的上升或下降速率进行触发。

交替触发：稳定触发不同步信号。

触发方式有自动触发、普通触发、单次触发 3 种。

自动触发：在没有检测到触发条件下也能采集波形。

普通触发：只有满足触发条件才采集波形。

单次触发：当检测到一次触发时采样一个波形，然后停止。

触发设置菜单如图 A-32 所示，触发设置菜单中的功能选项如表 A-6 所示。

表 A-6　触发设置菜单中的功能选项

功 能 选 项	设 定	说 明
耦合	交流	阻止直流分量通过
	直流	允许所有分量通过
	低频抑制	阻止信号的低频部分通过，只允许高频分量通过
	高频抑制	阻止信号的高频部分通过，只允许低频分量通过
灵敏度	灵敏度设置	设置触发灵敏度
触发释抑	触发释抑设置	设置可以接受另一触发事件之前的时间量
触发释抑复位		设置触发释抑时间为 100ns

4. 功能按钮

功能按钮如图 A-33 所示。

图 A-32　触发设置菜单

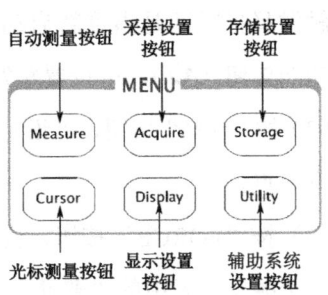

图 A-33　功能按钮

（1）采样设置。

按"Acquire"按钮，弹出采样设置菜单，可调整采样方式（实时采样、等效采样等）。

（2）存储设置。

按"Storage"按钮，弹出存储设置菜单，可调整系统的存储和调出。

（3）光标测量。

按"Cursor"按钮，进入光标测量模式，在该模式下用户可通过移动光标进行测量。

（4）显示设置。

按"Display"按钮，弹出显示设置菜单，可调整显示方式。

（5）辅助系统设置。

按"Utility"按钮，弹出辅助系统设置菜单，如图 A-34 所示。

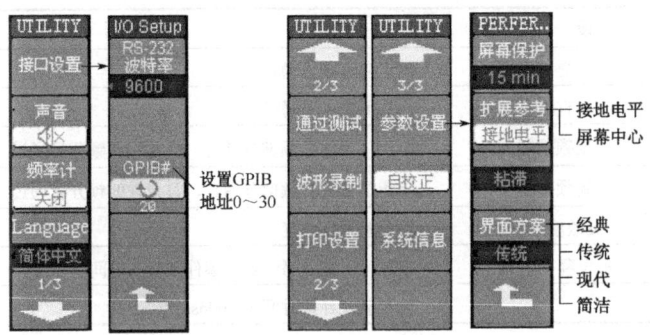

图 A-34　辅助系统设置菜单

（6）自动测量。

按"Measure"按钮，弹出自动测量菜单，如图 A-35 所示。

本示波器具有 20 种自动测量功能，包括 10 种电压测量功能和 10 种时间测量功能，其菜单分别如图 A-36 和图 A-37 所示。

图 A-35　自动测量菜单

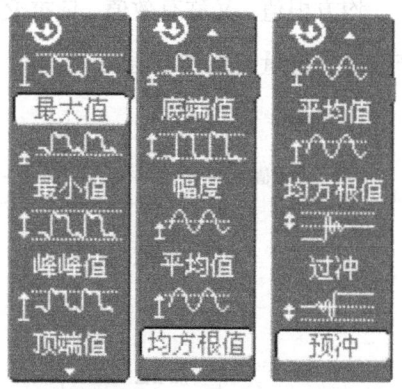

图 A-36　电压测量菜单

（图中"峰峰值"应为"峰-峰值"）

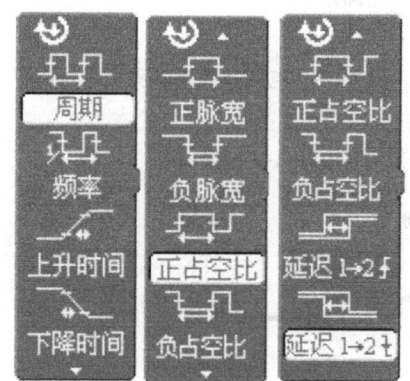

图 A-37　时间测量菜单

电压参数自动测量示意图如图 A-38 所示。

峰-峰值：波形最高点至最低点的电压值。

最大值：波形最高点至地（GND）的电压值。

最小值：波形最低点至地（GND）的电压值。

幅值：波形顶端至底端的电压值。

顶端值：波形顶端至地（GND）的电压值。

底端值：波形底端至地（GND）的电压值。

过冲：波形最大值与顶端值之差与幅值的比值。

预冲：波形最小值与底端值之差与幅值的比值。

平均值：单位时间内信号的平均幅值。

均方根值：又称有效值。依据交流电压在单位时间内所换算产生的能量，对应于产生等值能量的直流电压。

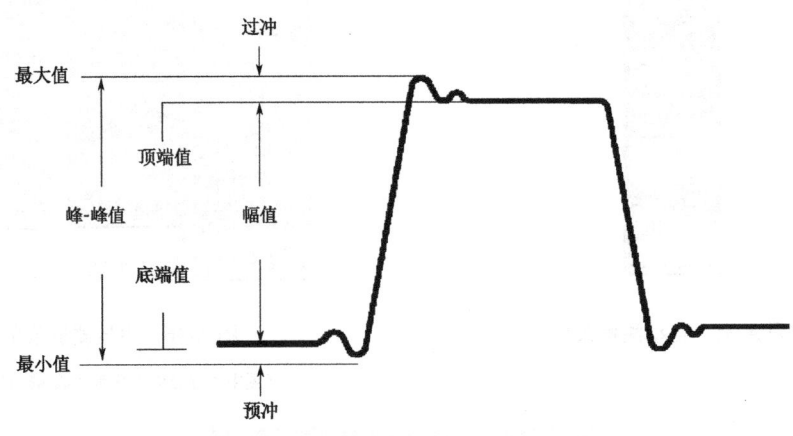

图 A-38　电压参数自动测量示意图

时间参数自动测量示意图如图 A-39 所示。

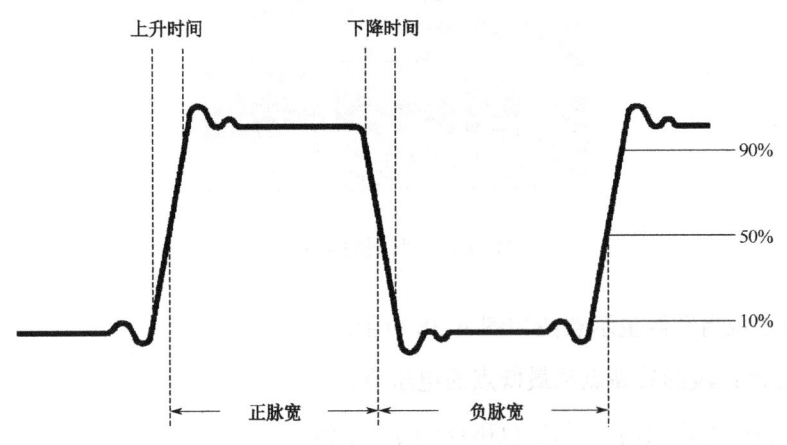

图 A-39　时间参数自动测量示意图

上升时间：波形幅度从 10%上升至 90%所经历的时间。

下降时间：波形幅度从 90%下降至 10%所经历的时间。

正脉宽：正脉冲在 50%幅度时的脉冲宽度。

负脉宽：负脉冲在 50%幅度时的脉冲宽度。

延迟 1→2↲：通道 1、通道 2 相对于上升沿的延时。

延迟 1→2↳：通道 1、通道 2 相对于下降沿的延时。

正占空比：正脉宽与周期的比值。

负占空比：负脉宽与周期的比值。

5．运行控制（执行）按钮

运行控制（执行）按钮如图 A-40 所示。

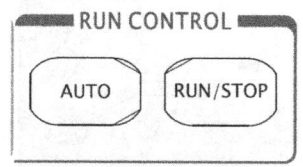

图 A-40　运行控制（执行）按钮

运行控制区有两个按钮，即"AUTO"（自动设置）按钮和"RUN/STOP"（运行/停止）按钮。

"AUTO"（自动设置）按钮：自动设定仪器各项控制值，以产生适宜观察的波形显示。按"AUTO"按钮，可快速设置和测量信号。

"RUN/STOP"（运行/停止）按钮：运行/停止波形采样。

注意：在停止状态下，波形垂直挡位和水平时基可以在一定的范围内调整，相当于对信号进行水平或垂直方向上的扩展。

A.5　DT－830/831 数字万用表

A.5.1　概述

DT-830/831 数字万用表是 3 位液晶显示小型数字万用表，由显示屏、量程转换开关和测试孔等组成。它可以测量交流电压、直流电压、交流电流、直流电流、电阻、电容、三极管的 β（h_{FE}）值、二极管的导通电压等，可用一个旋转波段开关改变测量的功能和量程，其中量程共有 30 挡。

DT-830/831 数字万用表的最大显示值为 ±1999，可自动显示 "0" 和极性，过载时显示 "1" 或 "-1"，电池电压过低时显示 "←"，可用蜂鸣器进行短路检查。它的取样时间为 0.4s，内装 9V 的干电池。

DT-830 数字万用表面板图如图 A-41 所示。

图 A-41　DT-830 数字万用表面板图

A.5.2　主要技术指标（测量范围）

（1）直流电压：200mV～2V～20V～200V～1000V。

（2）45～500Hz 交流电压：200mV～2V～20V～200V～750V。

（3）直流电流：200μA～2mA～20 mA～200 mA～10A。

（4）45～500Hz 交流电流：200μA～2mA～20 mA～200 mA～10A。

（5）过载保护：0.5A（250V）的熔断器。

（6）电阻测量范围：200Ω～2kΩ～20kΩ～200kΩ～20MΩ。

（7）h_{FE} 测量：0～1000（测试条件为 U_{CE}=2.8V，I_B=10μA）。

（8）二极管及带声响的开路测试。

挡　　位	测试电路电阻	分　辨　力	最大开路电压	最大测试电流
))	≤（20±10）Ω	0.1Ω	1.5V	1 mA

A.5.3　使用方法及注意事项

1. 使用方法

（1）交流、直流电压测量。

将黑表笔接于 COM 插孔，将红表笔接于 V/Ω 插孔，将量程转换开关置于"ACV"处或"DCV"处，将电源开关置于"ON"处，再将测试表笔接于测试点上，读出显示的数值。如果显示"1"，则表示超过量程，应将量程开关置于更大量程处（下同）。

（2）交流、直流电流测量。

将黑表笔接于 COM 插孔，将红表笔接于 V/Ω 插孔，将量程转换开关置于"ACA"处或"DCA"处，将电源开关置于"ON"处，再将测试表笔接于测试点上，读出显示的数值。当所测电流超过 200 mA 时，将红表笔接于"10A"处，把量程转换开关置于"10A"处，读出显示的数值。

（3）电阻测量。

将黑表笔接于 COM 插孔，将红表笔接于 V/Ω 插孔，将量程转换开关置于"Ω"处，将电源开关置于"ON"处，再将测试表笔接于测试点上，读出显示的数值。在被测电阻值超过了所选量程的最大值、开路和无输入的情况下，都显示"1"，应注意区别处理。

（4）二极管检查。

将黑表笔接于 COM 插孔，将红表笔接于 V/Ω 插孔，将量程转换开关置于"━┤◀━"处，将电源开关置于"ON"处，测出二极管的正向压降和反向压降。一般正向压降为 200mV～800mV，若二极管短路，则显示"000"。在测反向压降时，如果二极管是好的，则显示"1"。

（5）三极管的 h_{FE} 测量。

在测量 NPN 型三极管的 h_{FE} 时，选择"NPN"挡；在测量 PNP 型三极管的 h_{FE} 时，选择"PNP"挡。将三极管的引脚 e、b、c 对应接点 E、B、C，将电源开关置于"ON"处，即可测出三极管的 h_{FE} 值。

（6）对蜂鸣器进行开路检查。

将黑表笔接于 COM 插孔，将红表笔接于 V/Ω 插孔，将量程转换开关置于"⟩⟩"处，将电源开关置于"ON"处，再将测试表笔接于待测电路上，若被测电路阻值低于 20Ω，则蜂鸣器发声，表明电路没有开路。

2. 注意事项

（1）测量前要特别注意所测参数类型，功能开关应置于需要的挡位。千万不要用电流挡去测电压，以免因电流过大而损坏万用表。

（2）在测量时注意每个测量范围及接点的最高估值，如果不知道被测参数范围，须先将量程选为最高挡，再慢慢调至所需挡位。

（3）显示"←"符号，表示电池电量不足，需更换表内电池。在更换电池时一定要关闭电源。测量完毕后须切断电源，若万用表长时间不用应把表内电池取出。

附录 B

模拟电子技术实验常用电子元器件简介

本章重点

（1）电阻。

（2）电容。

（3）半导体二极管和三极管。

（4）常用集成运算放大器的主要参数及 μA741 简介。

B.1 电阻

B.1.1 电阻的型号命名法

电阻的型号命名法如表 B-1 所示。

表 B-1 电阻的型号命名法

第一部分		第二部分		第三部分		第四部分
用字母表示主称		用字母表示材料		用数字或字母表示分类		用数字表示
符号	意义	符号	意义	符号	意义	序号
R	电阻	T	碳膜	1/2	普通	
W	电位器	P	硼碳膜	3	超高频	
		U	硅碳膜	4	高阻	
		H	合成膜	5	高温	
		I	玻璃釉膜	7/ J	精密	
		J	金属膜	8①	高压或特殊	
		Y	（箔）	9	函数	
		S	氧化膜	G	特殊	
		N	有机实心	T	高功率	
		X	无机实心	X	可调	
		R	线绕	L	小型	
		G	热敏	W	测量用	
		M	光敏	D	微调	
			压敏	H	多圈	
					合成膜	

① 第三部分中的数字"8"，对于电阻表示"高压"，对于电位器表示"特殊函数"。

B.1.2 几种常用电阻的特点

（1）碳膜电阻：性能一般，成本低。

（2）金属膜电阻：与碳膜电阻相比，体积更小，各项性能更好，但成本较高。

（3）线绕电阻：精确度可以做到很高，工作稳定、可靠，耐热性能好，可用于大功率场合。

（4）电位器：具有 3 个引出端的可变电阻。常用的电位器有 WTX、WTH、WHJ、

WS、WX、WHD。薄膜电位器按轴旋转角度与实际阻值间的变化关系，可分为直线式、指数式、对数式 3 种。电位器可以带开关，也可以不带开关。

B.1.3　电阻的主要性能指标

1. 额定功率

电阻的额定功率共分为 19 个等级，常用的有 1/20W、1/8W、1/4W、1/2W、1W、2W、4W、5W。

2. 常用电阻的允许误差等级

常用电阻的允许误差等级如表 B-2 所示。

表 B-2　常用电阻的允许误差等级

允许误差	±0.5%	±1%	±2%	±5%	±10%	±20%
等级	005	01	02	Ⅰ	Ⅱ	Ⅲ

3. 常用固定式电阻的标称系列

电阻的阻值和误差一般都用数字标印在电阻上，但体积很小的电阻和一些合成电阻，其阻值和误差常以色环表示，色环电阻的标识和色环颜色的意义分别如表 B-3 和表 B-4 所示。

表 B-3　色环电阻的标识

4 道色环	第 1、2 道色环：有效数字	第 3 道色环：乘以 10 的方次	第 4 道色环：允许误差
5 道色环	第 1、2、3 道色环：有效数字	第 4 道色环：乘以 10 的方次	第 5 道色环：允许误差

表 B-4　色环颜色的意义

颜色	黑	棕	红	橙	黄	绿	蓝	紫	灰	白	金	银	本色
代表数值	0	1	2	3	4	5	6	7	8	9			
代表倍乘数	1	10	10^2	10^3	10^4	10^5	10^6	10^7	10^8	10^9	10^{-1}	10^{-2}	
允许误差	±1%	±1%	±2%			±0.5%	±0.25%	±0.1%			±5%	±10%	±20%

任何固定式电阻的标称值都应符合表 B-5 中的系列值或系列值乘以 10^n，其中 n 为正整数或负整数。

表 B-5　常用固定式电阻的标称系列值

允许误差	系列代号	系 列 值							
±5%	E24	1.0	1.1	1.2	1.3	1.5	1.6	1.8	2.0
		2.2	2.4	2.7	3.0	3.3	3.6	3.9	4.3
		4.7	5.1	5.6	6.2	6.8	7.5	8.2	9.1
±10%	E12	1.0	1.2	1.5	1.8	2.2	2.7	3.3	3.9
		4.7	5.6	6.8	8.2				
±20%	E6	1.0	1.5	2.2	3.3	4.7	6.8		

B.2　电容

B.2.1　常用电容的种类及其特点

（1）纸介电容：体积小，容量可较大，固有电感和损耗也较大，适用于低频电路。

（2）金属化纸介电容：与纸介电容相比，体积更小。

（3）薄膜电容：介质为涤纶或聚苯乙烯。涤纶膜电容的介电常数较高，体积小，容量大，适用于低频电路；聚苯乙烯膜电容的介质损耗小，绝缘电阻大，温度系数较大，可用于高频电路。

（4）去母电容：介质损耗小，绝缘电阻大，温度系数小，适用于高频电路。

（5）瓷介电容：其中普通瓷介电容的体积小，容量小，损耗小，耐热性能好，绝缘电阻高，可用于高频电路；铁电瓷介电容的容量较大，损耗较大，温度系数较大，适用于低频电路。

（6）铝电解电容：具有正、负极性，容量大，漏电大，稳定性能差，适用于低频电路及电源滤波电路。

（7）钽（铌）电解电容：以氧化钽（铌）作为绝缘介质，其介电常数很高，体积小，容量大，寿命长，漏电小，工作温度范围大。

（8）微调电容：两极板的间距、相对位置或面积可调。其介质可为空气、陶瓷、云母、薄膜等。

（9）可变电容：由一组定片和一组动片组成，其容量随动片的转动而连续改变。其介质通常有空气和聚苯乙烯两种，前者体积较大，损耗较小，可用于高频电路。

B.2.2　电容的型号命名法

电容的型号命名法如表 B-6 所示。

表 B-6　电容的型号命名法

第一部分		第二部分		第三部分		第四部分
用字母表示主称		用字母表示材料		用数字或字母表示分类特征		用数字或字母表示序号
符号	意义	符号	意义	符号	意义	
C	电容	C	瓷介	T	铁电	
		I	玻璃釉	M	密封	
		O	玻璃膜	Y	高压	
		Y	云母	C	穿心	
		V	云母纸	W	微调	
		Z	纸介	J	金属化	
		J	金属化纸	X	小型	包括品种、
		B	聚苯乙烯	S	独石	尺寸代号、温
		L	涤纶	D	低压	度特性、直流
		Q	漆膜			工作电压、标
		H	纸膜复合			称值、允许误
		D	铝电解			差、标准代号
		A	钽电解			
		G	金属电解			
		N	铌电解			
		T	钛电解			
		M	压敏			
		E	其他材料电解			

B.2.3　电容的主要性能指标

1.　容量

电容的容量的常用单位是 F（法）、μF（微法）和 pF（皮法）。$1\mu F = 10^{-6}F$，$1pF = 10^{-12}F$。

一般体积和容量较大的电容直接标出其容量，如"1μF"。也可用数字标注容量，左起第 1、2 位数字表示容量的第 1、2 位数字，第 3 位数字表示乘以 10 的方次，以 pF 为单位，如"103"表示 $10×10^3pF = 0.01\mu F$。

2. 常用固定式电容的标称容量系列及误差

固定式电容的允许误差等级如表 B-7 所示。

表 B-7　固定式电容的允许误差等级

允许误差	±1%	±2%	±5%	±10%	±20%	+20%～-30%	+50%～-20%	+100%～-10%
等级	01	02	Ⅰ	Ⅱ	Ⅲ	Ⅳ	Ⅴ	Ⅵ

固定式电容的标称容量为表 B-8 中的数值或表 B-8 中的数值再乘以 10^n，其中 n 为正整数或负整数。

表 B-8　固定式电容的标称容量系列及误差

名　　称	允许误差	容量范围	标称容量系列				
纸介	Ⅰ	100pF～1μF	E6				
金属化纸介			1	2	4	6	8
纸膜复合介质	Ⅱ	1μF～100μF	10	15	20	30	50
低频有极性有机薄膜	Ⅲ		60	80	100		
高频非极性有机薄膜	Ⅰ		E24				
瓷介	Ⅱ		E12				
玻璃釉			E6				
云母	Ⅲ						
铝电解	Ⅱ						
钽电解	Ⅲ						
铌电解	Ⅳ	μF 级	E6				
钛电解	Ⅴ						
	Ⅵ						

3. 常用固定式电容的直流工作电压系列

固定式电容的直流工作电压系列如表 B-9 所示。

表 B-9　固定式电容的直流工作电压系列

1.6	4	6.3	10	16	25	32*	40	50	63
100	125*	160	250	300*	400	450*	500	630	1000

注：表中数据单位为 V。1000V～6000V 还有 20 挡。带*者只限电解电容使用。

B.3　半导体二极管和三极管

B.3.1　国产半导体二极管和三极管的型号命名法（GB249—89）

国产半导体二极管和三极管的型号命名法如表 B-10 所示。

表 B-10　国产半导体二极管和三极管的型号命名法

第一部分		第二部分		第三部分		第四部分	第五部分
用数字表示元器件电极的数目		用汉语拼音字母表示元器件的材料与极性		用汉语拼音字母表示元器件的类型		用数字表示元器件的序号	用汉语拼音字母表示元器件的规格号
符号	意义	符号	意义	符号	意义	意义	
2	二极管	A	N 型锗材料	P	普通管		
		B	P 型锗材料	V	微波管		
		C	N 型硅材料	W	稳压管		
		D	P 型硅材料	C	参量管		
3	三极管	A	PNP 型锗材料	Z	整流管	反映了各种型号的二极管、三极管在直流参数、交流参数和极限参数等的差别	
		B	NPN 型锗材料	L	整流堆		
		C	PNP 型硅材料	S	隧道管		
		D	NPN 型硅材料	N	阻尼管		
				U	光电管		
				K	开关管		
				X	低频小功率管		
				G	高频小功率管		
				D	低频大功率管		
				A	高频大功率管		
				T	可控整流器		

注：低频三极管的截止频率＜3MHz，高频三极管的截止频率≥3MHz；小功率三极管的耗散功率＜1W，大功率三极管的耗散功率≥1W。

B.3.2 常用半导体二极管的型号及主要参数

1. 常用国产检波二极管的型号及主要参数（见图 B-11）

表 B-11 常用国产检波二极管的型号及主要参数

型号	最大正向工作电流/mA	最高反向工作电压/V	反向击穿电压/V（反向电流为400mA时）	最大正向工作电流下的正向压降/V	最高反向工作电压下的反向电流/μA	最高工作频率
2AP1	16	20	≥40	≤1.2	—	150 MHz
2AP2	16	30	≥45	≤1.2	—	150 MHz
2AP3	25	30	≥45	≤1.2	—	150 MHz
2AP4	16	50	≥75	≤1.2	—	150 MHz
2AP5	16	75	≥110	≤1.2	—	150 MHz
2AP6	12	100	≥150	≤1.2	—	150 MHz
2AP7	12	100	≥150	≤1.2	—	150 MHz
2CP10	100	25	—	≤1.5	≤5	50 kHz
2CP11	100	50	—	≤1.5	≤5	50 kHz
2CP12	100	100	—	≤1.5	≤5	50 kHz
2CP13	100	150	—	≤1.5	≤5	50 kHz
2CP14	100	200	—	≤1.5	≤5	50 kHz
2CP15	100	250	—	≤1.5	≤5	50 kHz
2CP16	100	300	—	≤1.5	≤5	50 kHz
2CP17	100	350	—	≤1.5	≤5	50 kHz
2CP18	100	400	—	≤1.5	≤5	50 kHz
2CP19	100	500	—	≤1.5	≤5	50 kHz
2CP20	100	600	—	≤1.5	≤5	50 kHz
2CP21	300	100	—	≤1.2	≤250	3 kHz
2CP22	300	200	—	≤1.2	≤250	3 kHz
2CP31	250	25	—	≤1	≤300	3 kHz
2CP31A	250	50	—	≤1	≤300	3 kHz
2CP31B	250	100	—	≤1	≤300	3 kHz
2CP31C	250	150	—	≤1	≤300	3 kHz
2CP31D	250	200	—	≤1	≤300	3 kHz

2. 常用国产整流二极管的型号及主要参数（见图 B-12）

附表 B-12　常用国产整流二极管的型号及主要参数

型号	最大整流电流 /A	最高反向工作电压/V	最高反向工作电压下的反向电流 /mA	最大整流电流下的正向压降/V	使用时必须加铝散热片的规格 /mm³
2CZ11A	1	100	≤0.5	≤1	60×60×1.5
2CZ11B	1	200	≤0.5	≤1	60×60×1.5
2CZ11C	1	300	≤0.5	≤1	60×60×1.5
2CZ11D	1	400	≤0.5	≤1	60×60×1.5
2CZ11E	1	500	≤0.5	≤1	60×60×1.5
2CZ11F	1	600	≤0.5	≤1	60×60×1.5
2CZ11G	1	700	≤0.5	≤1	60×60×1.5
2CZ11H	1	800	≤0.5	≤1	60×60×1.5
2CZ11I	1	900	≤0.5	≤1	60×60×1.5
2CZ11J	1	1000	≤0.5	≤1	60×60×1.5
2CZ12A	3	100	≤1	≤0.8	120×120×3.0
2CZ12B	3	200	≤1	≤0.8	120×120×3.0
2CZ12C	3	300	≤1	≤0.8	120×120×3.0
2CZ12D	3	400	≤1	≤0.8	120×120×3.0
2CZ12E	3	500	≤1	≤0.8	120×120×3.0
2CZ12F	3	600	≤1	≤0.8	120×120×3.0
2CZ12G	3	700	≤1	≤0.8	120×120×3.0
2CZ12H	3	800	≤1	≤0.8	120×120×3.0
2CZ12I	3	900	≤1	≤0.8	120×120×3.0
2CZ12J	3	1000	≤1	≤0.8	120×120×3.0

3. 常用国产稳压二极管的型号及主要参数（见图 B-13）

表 B-13　常用国产稳压二极管的型号及主要参数

型号	稳定电压/V（工作电流等于稳定电流时）	稳定电流/ mA（工作电压等于稳定电压时）	最大功耗/ mW（-60℃～+50℃时）	最大稳定电流/ mA（-60℃～+50℃时）	动态电阻/Ω（工作电流等于稳定电流时）
2CW11	3.2～4.5	10	250	55	≤70
2CW12	4～5.5	10	250	45	≤50
2CW13	5～6.5	10	250	38	≤30
2CW14	6～7.5	10	250	33	≤15
2CW15	7～8.5	5	250	29	≤15

续表

型号	稳定电压/V（工作电流等于稳定电流时）	稳定电流/ mA（工作电压等于稳定电压时）	最大功耗/ mW（−60℃～+50℃时）	最大稳定电流/ mA（−60℃～+50℃时）	动态电阻/Ω（工作电流等于稳定电流时）
2CW16	8～9.5	5	250	26	≤20
2CW17	9～10.5	5	250	23	≤25
2CW18	10～12	5	250	20	≤30
2CW19	11.5～14	5	250	18	≤40
2CW20	13.5～17	5	250	15	≤50
2CW51	2.5～3.5	10	250	71	≤60
2CW52	3.2～4.5	10	250	55	≤70
2CW53	4～5.8	10	250	41	≤50
2CW54	5.5～6.5	10	250	38	≤30
2CW55	6.2～7.5	10	250	33	≤15
2CW56	7.2～8.8	5	250	27	≤15
2DW1A	4.5～5.5	30	1000	240	≤3
2DW1B	5.5～6.5	30	1000	200	≤3
2DW1	6.5～7.5	30	1000	170	≤3.5
2DW2	7.5～8.5	30	1000	150	≤3.5
2DW3	8.5～9.5	30	1000	135	≤4
2DW4	9.5～10.5	30	1000	120	≤4
2DW5	10.5～11.5	30	1000	100	≤5
2DW6	11.5～12.5	30	1000	90	≤5
2DW7	12.5～13.5	30	1000	80	≤6
2DW7A	5.8～6.6	10	200	30	≤25
2DW7B	5.8～6.6	10	200	30	≤15
2DW7C	6.1～6.5	10	200	30	≤10
2DW8A	5～6	10	200	30	≤25
2DW8B	5～6	10	200	30	≤15
2DW8C	5～6	10	200	30	≤5

4. 常用国产开关二极管的型号及主要参数（见表 B-14）

表 B-14 常用国产开关二极管的型号及主要参数

型号	反向击穿电压/V	最高反向工作电压/V	反向恢复时间/ns	零偏压电容/pF	反向电流/μA	最大正向电流/mA	正向压降/V
2AK1	≥30	10	≤200	≤1	—	100	—
2AK2	≥40	20	≤200	≤1	—	150	—
2AK3	≥50	30	≤150	≤1	—	200	—

续表

型号	反向击穿电压/V	最高反向工作电压/V	反向恢复时间/ns	零偏压电容/pF	反向电流/μA	最大正向电流/mA	正向压降/V
2AK4	≥55	35	≤150	≤1	—	200	—
2AK5	≥60	40	≤150	≤1	—	200	—
2AK6	≥75	50	≤150	≤1	—	200	—
2AK2A	≥30	10	≤150	≤2.8	—	—	≤0.45
2AK2B	≥40	20	≤150	≤2.8	—	—	≤0.45
2AK2C	≥50	30	≤150	≤2.8	—	—	≤0.5
2AK2D	≥75	50	≤150	≤2.8	—	—	≤0.5
2AK2E	≥50	30	≤150	≤2.8	—	—	≤0.45
2AK2F	≥60	40	≤150	≤2.8	—	—	≤0.45
2AK2G	≥70	50	≤150	≤2.8	—	—	≤0.45
2CK1	≥40	30	≤150	≤30	≤1	100	≤1
2CK2	≥80	60	≤150	≤30	≤1	100	≤1
2CK3	≥120	90	≤150	≤30	≤1	100	≤1
2CK4	≥150	120	≤150	≤30	≤1	100	≤1
2CK5	≥180	150	≤150	≤30	≤1	100	≤1
2CK6	≥210	180	≤150	≤33	≤1	100	≤1
2CK9	≥15	10	≤5	≤3	≤1	30	≤1
2CK10	≥30	20	≤5	≤3	≤1	30	≤1
2CK11	≥45	30	≤5	≤3	≤1	30	≤1
2CK12	≥60	40	≤5	≤3	≤1	30	≤1
2CK13	≥75	50	≤5	≤3	≤1	30	≤1
2CK14	≥60	20	≤5	≤3	≤1	30	≤1
2CK15	≥15	10	≤5	≤5	≤1	30	≤1
2CK16	≥30	20	≤5	≤5	≤1	30	≤1
2CK17	≥45	30	≤5	≤5	≤1	30	≤1
2CK18	≥60	40	≤5	≤5	≤1	30	≤1
2CK19	≥75	50	≤5	≤5	≤1	30	≤1
2CK57	—	25	—	≤1.3	≤0.1	100	≤1
2CK85		35	—	≤1.2	≤0.1	100	≤1
2CK103	—	35	—	≤1.5	≤0.1	100	≤1
2CK216	—	20	—	≤2	≤1	100	≤1.1
2CK2222	—	28	≤4	≤1	≤1	100	≤1.1
2CK2471	—	80	≤4	≤2	≤0.5	100	≤1.2
2CK2472	—	50	≤4	≤2	≤0.5	100	≤1.2
2CK2473	—	35	≤3	≤3	≤0.5	100	≤1.2

5. 常用进口半导体整流二极管的型号及主要参数（见表 B-15）

表 B-15　常用进口半导体整流二极管的型号及主要参数

型号	最大正向整流电流 /A	最高反向工作 电压/V	最大整流电流下的 正向压降/V	最高允许结温 /°C	最高工作频率 /kHz
1N4000	1	25	≤1.1	175	3
1N4001	1	50	≤1.1	175	3
1N4002	1	100	≤1.1	175	3
1N4003	1	200	≤1.1	175	3
1N4004	1	400	≤1.1	175	3
1N4005	1	600	≤1.1	175	3
1N4006	1	800	≤1.1	175	3
1N4007	1	1000	≤1.1	175	3
1N5391	1.5	50	≤1.4	175	3
1N5392	1.5	100	≤1.4	175	3
1N5393	1.5	200	≤1.4	175	3
1N5394	1.5	300	≤1.4	175	3
1N5395	1.5	400	≤1.4	175	3
1N5396	1.5	500	≤1.4	175	3
1N5397	1.5	600	≤1.4	175	3
1N5398	1.5	800	≤1.4	175	3
1N5400	3	50	≤0.95	175	3
1N5401	3	100	≤0.95	175	3
1N5402	3	200	≤0.95	175	3
1N5403	3	300	≤0.95	175	3
1N5404	3	400	≤0.95	175	3
1N5405	3	500	≤0.95	175	3
1N5406	3	600	≤0.95	175	3
1N5407	3	700	≤0.95	175	3
1N5408	3	1000	≤0.95	175	3

B.3.3　常用半导体三极管的型号及主要参数

1．常用国产半导体三极管的型号及主要参数（见表 B-16）

表 B-16　常用国产半导体三极管的型号及主要参数

型　号	直流参数			极限参数			交流参数
	$I_{CBO}/\mu A$	$I_{CEO}/\mu A$	h_{FE}	I_{CM}/mA	P_{CM}/mW	$U_{(BR)CEO}/V$	f_T/MHz
3AX31M	≤25	≤1000	80～400	125	125	≥6	—
3AX31A	≤20	≤1000	40～200	125	125	≥12	—
3AX31B	≤10	≤750	50～150	125	125	≥18	—
3BX31M	≤25	≤1000	80～400	125	125	≥6	f_β: 8
3BX31A	≤20	≤1000	40～200	125	125	≥12	f_β: 8
3BX31B	≤10	≤750	50～150	125	125	≥15	f_β: 8
3BX55A	≤80	≤1200	30～180	500	500	≥20	—
3CX200A	≤1	≤2	55～400	300	300	≥12	—
3CX204A	≤5	≤20	55～400	700	700	≥15	—
3DX200A	≤1	≤2	55～400	300	300	≥12	—
3DX204A	≤5	≤20	55～400	700	700	≥15	—
3DG121B	—	≤0.1	≥30	100	500	≥45	≥150
3DG6A	—	≤0.1	10～200	20	100	≥15	≥100
3DG6B	—	≤0.01	20～200	20	100	≥20	≥150
3DG6C	—	≤0.01	20～200	20	100	≥20	≥250
3DG6D	—	≤0.01	20～200	20	100	≥30	≥150
3DG100A	—	≤0.01	≥30	20	100	≥20	≥150
3DG130A	—	≤0.5	≥30	300	700	≥30	≥150
3AK14	≤5	≤100	30～150	60	120	≥15	120～200
3AK801	≤1	≤50	30～150	20	50	≥15	≥150
3AK801A	≤1	≤50	30～150	20	50	≥12	≥100
3DK3B	—	≤0.1	20～200	30	100	≥9	≥300
3DK4	1	≤10	20～200	800	700	≥15	≥100
3DK4 A	1	≤10	20～200	800	700	≥30	≥100
3DK4 B	0.5	≤10	20～200	800	700	≥45	≥100
3DK4 C	1	≤10	20～200	800	700	≥30	≥100
3AD52A	≤0.2	≤2.5	20～140	2A	10W	≥18	f_β: 4kHz
3DD51A	—	≤400	≥10	1A	1W	≥30	—
3DD51E	—	≤400	≥10	1A	1W	≥150	—
3DA28A	≤0.2 mA	≤1 mA	≥15	1.5A	10W	≥30	≥50
3DA28B	≤0.2 mA	≤1 mA	≥20	1.5A	10W	≥50	≥50
3DA28C	≤0.2 mA	≤1 mA	≥20	1.5A	10W	≥50	≥100
3DA28D	≤0.2 mA	≤1 mA	≥20	1.5A	10W	≥90	≥50

2. 常用进口半导体三极管的型号及主要参数（见表 B-17）

表 B-17　常用进口半导体三极管的型号及主要参数

型号	类型	直流参数			极限参数					交流参数
		$I_{CBO}/\mu A$	$I_{CEO}/\mu A$	β	I_{CM}/mA	P_{CM}/mW	$U_{(BR)CBO}/V$	$U_{(BR)CEO}/V$	$T_{jm}/^\circ C$	f_T/MHz
8050	NPN		≤1	85～300	1500	800	≥6	≥25	150	≥100
8550	PNP		≤1	85～300	1500	800	≥6	≥25	150	≥100
9011	NPN	≤0.1	≤0.2	28～200	30	400	≥5	≥30	150	≥150
9012	PNP	≤0.1	≤1	64～300	500	625	≥5	≥20	150	≥150
9013	NPN	≤0.1	≤1	64～300	500	625	≥5	≥20	150	≥150
9014	NPN	≤0.05	≤1	60～1000	100	450	≥5	≥45	150	≥150
9015	PNP	≤0.05	≤1	60～600	100	450	≥5	≥45	150	≥100
9016	NPN	≤0.1	≤1	28～270	30	400	≥4	≥20	150	≥400
9018	NPN	≤0.05	≤0.1	28～270	30	400	≥5	≥15	150	≥700

B.4　常用集成运算放大器

1. 几种常用集成运算放大器的主要参数（见表 B-18）

表 B-18　几种常用集成运算放大器的主要参数

型号	类型	电源电压/V	开环差模电压增益/dB	共模抑制比/dB	差模输入电阻/kΩ	最大差模输入电压/V	最大共模输入电压/V	最大输出电压/V
μA741	通用型	±9～±18	100	80	1000	±30	±12	±12
LF356	高阻型	±15	106	100	10^9	±30	+15、-12	±13
μA715	高速型	±15	90	92	1000	±15	±12	±13
OP-27	高精度	8～44	110	—	<126	—	—	±3～±40
CA3078	低功耗	±6	100	115	870	±6	±5.5	±5.3
HA2645	高压型	20～80	100	74		37		
5G14573	MOS型	±7.5	80	76	10^7	$-0.5～(U_{CC}+0.5)$	12	12

2. 集成运算放大器 μA741 简介

μA741 是目前广泛应用的高增益通用型双电源单集成运算放大器，有标准的双列直插塑料封装与金属圆壳封装两种封装形式，采用双电源供电。μA741 的引脚排列如图 B-1 所示，为 8 引脚双列直插封装结构，金属圆壳封装的引脚功能与之对应。由图 B-2 可见，μA741 的 1、5 号引脚调零，2 号引脚反相输入，3 号引脚同相输入，4 号引脚接负电源，6 号引脚输出，7 号引脚接正电源，8 号引脚为空引脚。

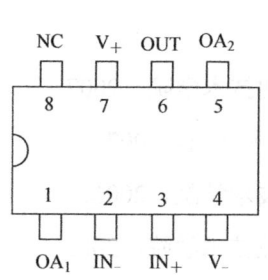

图 B-1　μA741 的引脚排列

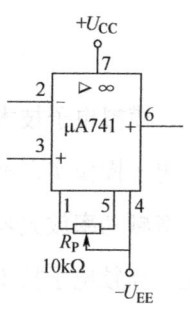

图 B-2　μA741 的调零电路

μA741 的典型参数如表 B-19 所示。

表 B-19　μA741 的典型参数

名　　称	符　　号	参　　数	单　　位
开环差模电压增益	A_{ud}	106	dB
共模抑制比	K_{CMR}	90	dB
差模输入电阻	R_{id}	2	MΩ
输出电阻	R_{od}	75	Ω
输入失调电压	U_{IO}	1	mV
输入失调电流	I_{IO}	20	nA
输入偏置电流	I_{IB}	80	nA
最大差模输入电压	$U_{Id(max)}$	±30	V
最大共模输入电压	$U_{Ic(max)}$	±13	V
最大输出电压	$U_{o(max)}$	±14	V
转换速率	S_R	0.5	V/μs

参 考 文 献

[1]　唐继光. 模拟电子技术实验指导书. 成都航空职业技术学院，2007.

[2]　王龙. 电子操作实训教材（一）. 成都航空职业技术学院，2007.

[3]　张欣. 音频功率放大器实训教材. 成都航空职业技术学院，2006.

[4]　唐继光. 高频电子技术实验指导书. 成都航空职业技术学院，2005.

[5]　唐程山. 电子技术基础. 第一版. 北京：高等教育出版社，2004.

[6]　胡宴如. 模拟电子技术. 第2版. 北京：高等教育出版社，2004.

[7]　饶蜀华. 电工电子技术基础. 第一版. 北京：北京理工大学出版社，2008.

[8]　罗初东，凌耀基，等. 现代实用电子技术手册. 广州：广东科技出版社，1990.

[9]　宋春荣，刘芳芳，等. 通用集成电路速查手册. 济南：山东科学技术出版社，
　　　1995.

[10]　郑文生，樊爱京. 集成电路速查手册. 北京：航空工业出版社，1996.

[11]《中国集成电路大全》编写委员会. 中国集成电路大全-CMOS 集成电路. 北京：
　　　国防工业出版社，1985.

[12]　于安红. 简明电子元器件手册. 上海：上海交通大学出版社，2005.

[13]　本书编写组编. 新编国内外二极管速查手册. 北京：电子工业出版社，2008.

[14]　黄继昌. 常用电子元器件实用手册. 北京：人民邮电出版社，2009.

[15]　周良权. 模拟电子技术基础. 第三版. 北京：高等教育出版社，2005.

[16]　付植桐. 电子技术. 第二版. 北京：高等教育出版社，2004.

[17]　陈梓城. 模拟电子技术基础. 北京：高等教育出版社，2003.

[18]　天煌教仪. 模拟电子技术基础实验指导书. 浙江天煌科技实业有限公司，2005.

[19]　普源精电. RIGOL DS1000E，DS1000D 系列数字示波器用户手册. 北京普源精
　　　电科技有限公司，2008.